概率论与数理统计实验教程：基于 Excel 和 R 语言

主　编　陈秀平

副主编　徐　徐　马　万

中国财经出版传媒集团

经济科学出版社

Economic Science Press

图书在版编目（CIP）数据

概率论与数理统计实验教程：基于 Excel 和 R 语言/陈秀平主编．
—北京：经济科学出版社，2019.7（2022.6 重印）
ISBN 978 - 7 - 5218 - 0533 - 8

Ⅰ. ①概… Ⅱ. ①陈… Ⅲ. ①概率论 - 高等学校 - 教学参考资料
②数理统计 - 高等学校 - 教学参考资料 Ⅳ. ①021

中国版本图书馆 CIP 数据核字（2019）第 088041 号

责任编辑：周胜婷
责任校对：隗立娜
责任印制：张佳裕

概率论与数理统计实验教程：基于 Excel 和 R 语言
主　编　陈秀平
副主编　徐　徐　马　万
经济科学出版社出版、发行　新华书店经销
社址：北京市海淀区阜成路甲 28 号　邮编：100142
总编部电话：010 - 88191217　发行部电话：010 - 88191522
网址：www. esp. com. cn
电子邮件：esp@ esp. com. cn
天猫网店：经济科学出版社旗舰店
网址：http：//jjkxcbs. tmall. com
固安华明印业有限公司印装
710×1000　16 开　11.25 印张　200000 字
2019 年 8 月第 1 版　2022 年 6 月第 2 次印刷
ISBN 978 - 7 - 5218 - 0533 - 8　定价：33.00 元
（图书出现印装问题，本社负责调换。电话：010 - 88191510）
（版权所有　侵权必究　打击盗版　举报热线：010 - 88191661
QQ：2242791300　营销中心电话：010 - 88191537
电子邮箱：dbts@ esp. com. cn）

编写委员会

主　编：陈秀平

副主编：徐　徐　马　万

编　委（按姓氏笔画排序）：

　　　　陈钦俊　连新泽　徐伟敏

　　　　谢翠华　潘　俊

前　　言

大数据时代，数据信息呈几何趋势迅猛增长，数据信息背后离不开随机现象，离不开研究这些随机现象的基础理论——概率论与数理统计．因此，概率论与数理统计是一门重要的课程，我们学习概率论与数理统计，不仅为了专业需要，更是为了理解我们生活的这个时代．

本实验教程积累了温州大学多年来在应用型人才培养方面的教学改革经验，通过 Excel 和 R 语言这两个操作平台，将经典的概率论与数理统计知识具象化，引导学生应用统计理论，发现、验证、求解实际问题，在巩固学生理论基础的同时，培养学生的应用能力．

全书共 9 章，按理工科院校概率论与数理统计的教学大纲编排顺序，每一章节通过实验案例，引出统计理论，并使用软件对统计理论进行验证，与传统的实验教程相比，本书具有以下特点：

(1) 本实验教程的实验过程基于 Excel 和 R 语言两种统计软件，Excel 可操作性好，R 语言专业性强．两种软件的并行使用，即可以让读者看到解决问题的新思路新方法，也可以用两种软件进行相互检验，确保实验结果的可靠性．

(2) 每一章节涵盖一个理论主题，多个实验案例，让读者充分了解统计理论的多重多样性，在多重多样性的基础上，又要明白统计理论具有适应性，即掌握统计理论中的变与不变，这对于统计思维的培养，将起到重要作用．

(3) 每一实验包含实验目的、实验要求、实验内容、实验原理、实验过程和巩固练习．实验原理部分用通俗易懂的语言娓娓道来，充分挖掘了晦涩难懂的统计原理背后的数学思想；实验过程部分不仅介绍实验步骤，而且对实验结果解释详细．这两部分内容的有机结合，既培养锻炼学生看透事物本质的能力，又增强学生的综合分析能力．

全书由陈秀平主持编写，徐徐、马万、谢翠华、连新泽、徐伟敏、潘俊和陈钦俊辅助编写．具体分工如下：陈秀平负责全书大纲的设计以及应用案例的选取，并撰写了第一章、第二章、第三章、第八章、第九章的主要内容；徐徐和连新泽负责撰写第四章、第五章的主要内容；马万、徐伟敏和潘俊负责第六章和第七章的撰写；谢翠华和陈钦俊负责全书 R 语言程序的编辑．

编写过程中我们参阅了许多专家和学者的论著文献，并引用了部分文献中的实例，恕不一一指明出处，在此一并向有关作者表示衷心的感谢！

由于水平和时间有限，本书编写的疏漏和错误在所难免，恳请读者批评指正．

目　　录

第一章 软件介绍

（一）Excel 简介

Microsoft Excel 是微软公司开发的一款电子表格处理软件，可进行数据整理、数据运算、数据可视化、数据分析等多种操作，以此挖掘信息，辅助决策. Microsoft Excel 的操作界面以菜单式为主，流程简单、上手快，是所有年龄段的人们广泛使用的办公软件. Excel 的数据菜单中没有数据分析模块，需要手动加载数据分析模块，具体加载步骤如下，本书基于 Excel 2010 版本，更低或更高版本的 Excel 加载数据分析模块的步骤类似.

Excel 统计分析工具的加载与使用：

（1）依次单击【文件】/【选项】/【加载项】/【分析工具库】，如图 1-1-1 所示，再单击下方【转到】，出现图 1-1-2 所示对话框.

图 1-1-1　加载分析工具库（1）

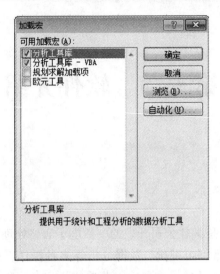

图 1 - 1 - 2　加载分析工具库（2）

（2）在加载分析工具库后，单击【数据】，出现【数据分析】选项卡，图 1 - 1 - 3 中圆圈标记位置，单击【数据分析】，出现图 1 - 1 - 4，将图 1 - 1 - 4 的"分析工具"框右侧的滚动条往下拖，则出现图 1 - 1 - 5 所示的对话框.

图 1 - 1 - 3　加载分析工具库后的工具栏

图 1 - 1 - 4　数据分析功能（1）

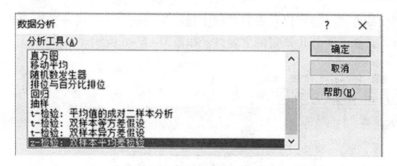

图 1 – 1 – 5 数据分析功能 (2)

（二）R 语言简介

R 是一个开放的统计编程语言，是 S 语言的一种实现．S 语言是由 AT & Tbell 实验室的里克·贝克尔（Rick Becker）、约翰·钱伯斯（John Chambers）和艾伦·威尔克斯（Allan Wilks）开发的一种用来进行数据探索、统计分析、作图的解释型语言．最初的 S 语言的现实版本主要是 S-Plus，后来奥克兰大学的罗伯特·金特尔曼（Robert Gentleman）和罗斯·伊哈卡（Ross Ihaka）及其他志愿人员于 1996 年开发了第一个 R 系统，目前由世界一流的统计学专家组成 R 语言核心开发小组维护．

由于 R 语言和 S-Plus 都是基于 S 语言来开发的，因此 R 语言的使用与 S-Plus 有很多相似之处，两种软件有很好的兼容性，这也使得 S-Plus 的使用手册只要经过不多的修改就能成为 R 语言的使用手册．但两者不同的是：S-Plus 是商业软件，是需要付费购买的，而 R 语言完全免费；同时，R 语言属于开放式软件，这相当于全世界所有的统计学家都在为 R 语言的发展和完善进行服务，所以 R 语言的更新非常快，一种新的统计分析方法的出现到 R 语言上的可操作化所需的时间非常短．

R 同样需要编程，但与 SPSS 和 SAS 中的编程语言相比，R 语言是彻底面向对象的统计编程语言，十分简洁和高效，颇受广大师生欢迎，其用户量近年来增加得非常快，目前已成为国内外最受欢迎的统计软件之一．

1. R 的下载与安装

R 的官方网站是 http：//www. r-project. org，用户在这个网站上可以下载各种程序包及相关资料，同时 R 语言的安装文件也可以在该网站下载．下载了 R 语言的安装文件后，单击运行该文件安装，按照 Windows 的提示进行安装即可．安装完成后，程序会创建 R 程序组并在桌面上创建 R 主程序的快捷方式（也可以在安装过程中选择不要创建）．通过快捷方式运行 R 语言，便可调出 R 语言的主窗口，如图 1 - 1 - 6 所示．

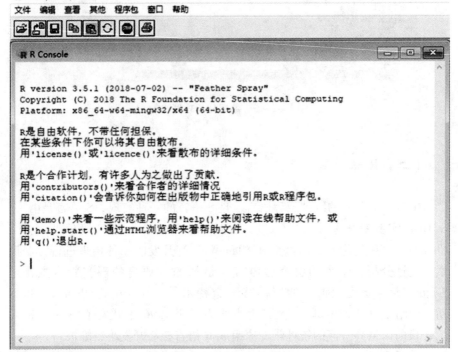

图 1 - 1 - 6 R 语言的主窗口

R 语言的界面与 Windows 的其他编程软件相类似，由一些菜单和快捷按钮组成．快捷按钮下面的窗口便是命令输入窗口，它也是部分运算结果的输出窗口．有些运算结果（如图形）则会在新建的窗口中输出．主窗口上方的一些文字（如果是 R 语言中文版，则显示中文）是刚打开 R 语言时出现的一些说明和指引．文字下的" > "符号便是 R 语言的命令提示符（见图 1 - 1 - 6 的矩形光标），在其后可输出命令．R 语言一般采用交互式工作方式，在命令提示符后输入命令，回车后便会输出计算结果．

需要注意的是，刚开始安装的 R 语言只包括了 8 个基本的模块，一些扩展的功能需要先安装相应的扩展程序包（简称扩展包）．R 语言中扩展包的安装有以下三种方式：

（1）菜单方式：单击主窗口工具栏中的【Package】，选择【Install package(s)】，弹出如图 1 - 1 - 7 所示的窗口．在上述对话框中选择合适的程序包，单击【确定】按钮．此时计算机将自动链接到指定的镜像点，下载程序包，并自动安装．

图 1 - 1 - 7　选择程序包对话框

　　（2）命令方式：用函数 install. packages( )，如果已经连接到互联网，在括号中要输入要安装的程序包名称，选择镜像后，程序将自动下载并安装程序包．例如：要安装 lmtest 包，在控制台中输入 install. packages（"lmtest"）即可．

　　（3）本地安装：在 R 语言的官方网站中下载所需要的扩展包，再依次单击 R 语言工具栏中的【Packages】/【Install package (s) from local zip files...】，选择下载好的扩展包文件，单击确定即可安装．

　　R 语言的扩展包安装后必须先载入内存才能使用，载入内存的方式有以下两种．

　　第一种，菜单方式：单击 R 语言工具栏中的【Packages】/【Load package】，再从已有的程序包中选定一个需要的进行加载．

　　第二种，命令方式：通过函数 library( ) 进行加载，如要载入程序包 lmtest，输入的代码为 library(lmtest)．

2. R 程序脚本的建立，打开和保存

在 R 语言主窗口可以输入运行代码，但由于主窗口是交互式的，每回车一次，就会运行代码，导致结果与代码混淆，不够直观清晰．因此，当要输入的 R 代码较多时，建议建立一个 R 文本，在该文本上输入代码，通过有选择性地运行该文件中的代码，既可以做到代码与结果的分离，也可以起到控制结果输出的作用，同时，还可以将这个 R 文本保存起来，已备下次再用．

在 R 语言中，建立 R 文本可以在工具栏中单击【File】/【New script】．初次保存要建立的文本，可以依次单击【File】/【Save as】，然后在出现的保存窗口中给 R 文本命名（要注意加后缀名".r"，否则下次在 R 中打开该文本时找不到文件），单击确定即可．若要打开保存好的 R 文本，可以在工具栏中单击【File】/【Open script】，选择要打开的文本即可．

（三）常用统计函数的 Excel 命令和 R 命令

本书已将常用统计函数 Excel 的命令和 R 语言的命令整理成一张表格放在本书附录中，读者可自行查阅．本实验教程的分位数统一定义为上 α 分位数，即满足 $P\{X \geqslant x_\alpha\} = \alpha$，其中 x_α 称为相应分布的上 α 分位数或上 α 分位点．

第二章　概率模型

实验一　古典概率的计算

【实验目的】

（1）熟悉概率的概念和性质．

（2）掌握古典概率的计算方法，并通过实例加深对概率的概念和性质的理解．

【实验要求】

（1）会用 Excel 和 R 语言计算组合数．

（2）会用 Excel 和 R 语言计算排列数．

【实验内容】

（1）假设每人的生日在一年 365 天的任意一天是等可能的，即都等于 1/365，求 n（$n \leqslant 365$）个人中至少有 2 人生日相同的概率．

（2）从 5 双不同的鞋子中任取 4 只，问这 4 只鞋子中至少有两只配成一双的概率．

【实验原理】

1. 排列组合知识

（1）加法原理．

设完成一件事有 k 类方法，每类分别有 m_1，m_2，$\cdots$，m_k 种方法，而完成这件事只需一种方法，则完成这件事可以有 $m_1 + m_2 + \cdots + m_k$ 种方法.

（2）乘法原理.

设完成一件事有 n 个步骤，第一步有 m_1 种方法，第二步有 m_2 种方法，……，第 n 步有 m_n 种方法，则完成这件事有 $m_1 m_2 \cdots m_n$ 种方法.

（3）不同元素的选排列.

从 n 个不相同的元素中，无放回地取出 m 个元素进行排序，称为从 n 个不同元素中取 m 个元素的选排序，共有 A_n^m 种可能.

（4）不同元素的选组合.

从 n 个不相同的元素中，无放回地取出 m 个元素，不考虑顺序，称为从 n 个不同元素中取 m 个元素的组合，共有 C_n^m 种可能.

（5）不同元素的重复排列.

在 n 个不相同元素中，有放回地取 m 个元素进行排序，共有 n^m 种可能.

（6）不同元素的重复组合.

在 n 个不相同元素中，有放回地取 m 个元素，不考虑顺序，共有 C_{n+m-1}^m 种可能.

2. 古典概型的基本模型

（1）摸球模型：无放回摸球；有放回摸球.

（2）球放入杯子模型：杯子容量无限；每一个杯子只能放一个球.

【实验过程】

1. 求解实验内容（1）

（1）Excel 实现.

借助函数 PERMUT（），对应 n 不同取值，至少两人生日相同的概率如图 2-1-1 所示.

	n	至少两人生日相同的概率	公式说明
设 A={n 个人生日各不相同}	10	0.116948178	=1-PERMUT(365,H2)/365^H2
	20	0.411438384	
则 $P(A)=\dfrac{A_{365}^n}{365^n}$	30	0.706316243	
	40	0.89123181	
	50	0.97037358	
	60	0.994122661	
因此，$n(\leqslant 365)$ 个人中至少有2人生日相同的概率为	70	0.999159576	
	80	0.999914332	
	90	0.999993848	
$1-P(A)=1-\dfrac{A_{365}^n}{365^n}$	100	0.999999693	
	110	0.999999989	

图 2-1-1　至少两人生日相同的概率

从图 2 - 1 - 1 可以看到，随着 n 的增大，至少有两人生日相同的概率随之增大．当 $n = 60$，至少有两人生日相同的概率达到 99.41%，事件发生的可能性极大．因此，在一个 60 人的小团体中，至少有两人生日相同的情况总是会出现的，读者不妨试一试．

（2）R 语言实现．

下面我们使用 R 来实现上述运算．在脚本窗口中编写 p 函数，用 p 函数计算 n 个人中至少有两人生日相同的概率，总人数 n 的取值不同，函数的返回值也不同，即事件发生的概率是不同的．有规律地改变 n 的取值，可以发现概率变化的规律．

具体代码及运行结果如下：

```
> p = function( n )
+ {
+     p = 1 - choose( 365 , n ) * factorial( n )/365^n
+     p
+ }
> n = seq( 10 , 110 , 10 )
> p( n )
```

[1] 0. 1169482 0. 4114384 0. 7063162 0. 8912318 0. 9703736 0. 9941227
0. 9991596 0. 9999143 0. 9999938 0. 9999997
[11] 1. 0000000

2. 求解实验内容（2）

这 4 只鞋子中至少有两只配成一双的概率为 $\dfrac{C_5^1 C_4^2 C_2^1 C_2^1 + C_5^2}{C_{10}^4}$．

（1）Excel 实现．

借助函数 COMBIN( )，计算结果如图 2 - 1 - 2 所示．

▲	B	C	D	E	F	G	H
1	这4只鞋子中至少有两只配成一双的概率为				$\dfrac{C_5^1 C_4^2 C_2^1 C_2^1 + C_5^2}{C_{10}^4}$		
2							
3							
4							
5	130	=COMBIN(5,1)*COMBIN(4,2)*4+COMBIN(5,2)					
6	210	=COMBIN(10,4)					

图 2 - 1 - 2　4 只鞋子中至少配成一双的概率

由图 2 - 1 - 2 可知，这 4 只鞋子中至少有两只配成一双的概率 $p = 13/21$．

（2）R 语言实现.

用 R 来实现上述运算，可以调用 choose 函数来计算组合数. 计算 4 只鞋子至少有两只配成一双的概率，具体代码及运行结果如下：

>p = (choose (5 , 1) * choose (4 , 2) * choose (2 , 1) * choose (2 , 1) + choose (5 , 2)) / choose (10 , 4)

>p

【1】0.6190476

【巩固练习】

（1）某接待站在某一周曾接待过 12 次来访，已知所有这 12 次接待都是在周二和周四进行的，问是否可以推断接待时间是有规定的？

（2）50 只铆钉随机地取来用在 10 个部件上，其中有 3 只铆钉强度太弱. 每个部件用 3 只铆钉. 若将 3 只强度太弱的铆钉都装在一个部件上，则这个部件强度就太弱，求发生一个部件强度太弱的概率.

实验二　频率稳定性

【实验目的】

（1）理解频率和概率的概念.
（2）理解频率和概率的关系.

【实验要求】

（1）会用 Excel 和 R 语言模拟随机投币.
（2）会用 Excel 和 R 语言模拟抛骰子.
（3）会用 Excel 和 R 语言进行随机抽样.

【实验内容】

（1）产生 10000 个伯努利随机数（即 0 - 1 分布随机数）来模拟 10000 次投币试验的结果，统计其中随机数 1（表示出现正面）和 0（表示出现反面）出现的次数，并对试验结果进行分析．

（2）向桌面上任意投掷一颗骰子，由于骰子的构造是均匀的，可知出现 1，2，…，6 这六个数（朝上的点数）中任一个数的可能性是相同的．试产生离散均匀分布随机数对其进行模拟，并对试验结果进行分析．

【实验原理】

频率具有稳定性，在实际应用中，当试验次数很大时，便可以用事件的频率来代替事件的概率．设 E 为一个随机试验，而 A 为其中任意一个随机事件．把 E 独立重复做 n 次，以 f_A 表示事件 A 在这 n 次试验中出现的次数（也称频数），则比值 f_A/n 称为事件 A 的频率．通过长期大量的实践，人们发现当试验次数 n 不断增加时，事件 A 发生的频率稳定在某个常数 p 附近，这个常数 p 就称为事件 A 发生的统计概率．频率的大小适当地反映了事件 A 发生的可能性大小，频率的稳定性是一个不依赖于任何主观意愿的客观事实，是概率这一重要概念的现实基础．

【实验过程】

1. 求解实验内容（1）

（1）Excel 实现．

模拟投币的随机数为伯努利随机数，这里给出两种生成方法．

方法一：依次单击 Excel 主菜单【数据】/【数据分析】/【随机数发生器】，产生随机数过程如图 2-2-1 所示，产生的随机数见图 2-2-2 中的第一列．

方法二：用 RANDBETWEEN(0，1) 函数，产生的随机数见图 2-2-2 中的第二列．

如图 2-2-2 所示，模拟投币 1 实验中，投 1000 次出现正面的次数为 496 次，正面频率为 0.496；模拟投币 2 实验中，投 1000 次出现正面的次数为 511 次，正面频率为 0.511．两次投币模拟的频率都接近 0.5，如果将投币次数增加，出现正/反面的频率会更接近 0.5（注：由于模拟投币 2 是利用函数命令产生的，只要按 F9，随机数会有所变化，即进行重新投币，但是其频率都接近于 0.5）．

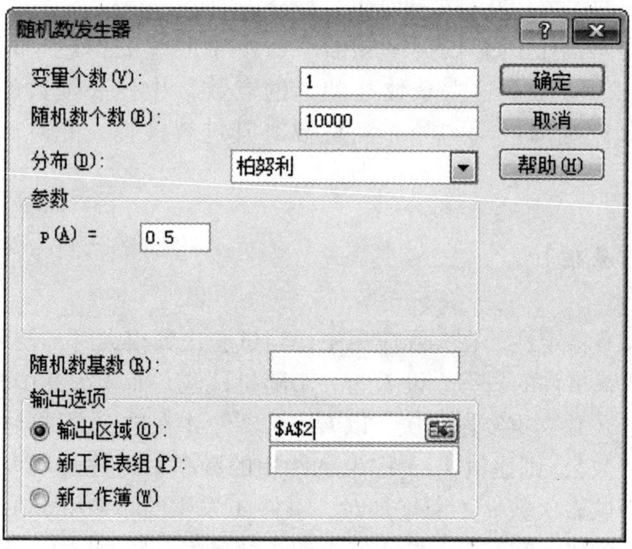

图 2－2－1　产生伯努利随机数

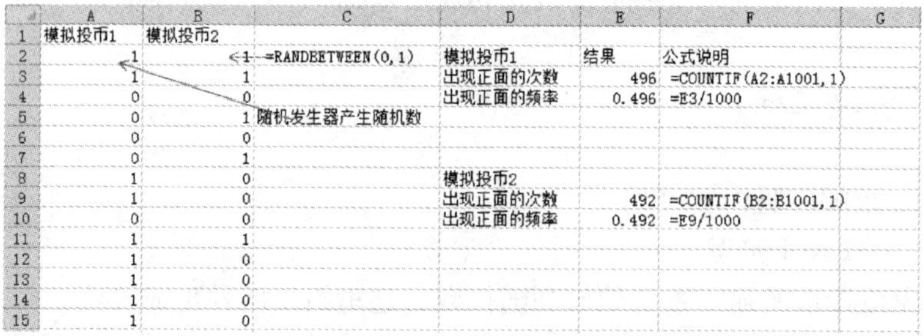

	A	B	C	D	E	F	G
1	模拟投币1	模拟投币2					
2	1	1	=RANDBETWEEN(0,1)	模拟投币1	结果	公式说明	
3	1	1		出现正面的次数	496	=COUNTIF(A2:A1001,1)	
4	0	0		出现正面的频率	0.496	=E3/1000	
5	0	1	随机发生器产生随机数				
6	0	0					
7	0	1					
8	1	0		模拟投币2			
9	1	0		出现正面的次数	492	=COUNTIF(B2:B1001,1)	
10	0	0		出现正面的频率	0.492	=E9/1000	
11	1	1					
12	1	0					
13	1	0					
14	1	0					
15	1	0					

图 2－2－2　产生随机数模拟投币试验

（2）R 语言实现．

在 R 语言中，可以通过 rbinom 函数产生伯努利随机数，通过 table 函数来统计频数，具体的代码及运行结果如下：

```
>a = table(rbinom(1000,1,0.5))
>a
  0   1
506 494
>a/1000
     0      1
0.506  0.494
```

2. 求解实验内容（2）

设骰子出现的点数为 X，则 X 的分布律为：

$$X \sim \begin{bmatrix} 1 & 2 & \cdots & 6 \\ \dfrac{1}{6} & \dfrac{1}{6} & \cdots & \dfrac{1}{6} \end{bmatrix}$$

（1）Excel 实现.

依次单击 Excel 主菜单【数据】/【数据分析】/【随机数发生器】，产生随机数的过程如图 2-2-3 所示，试验结果如图 2-2-4 所示.

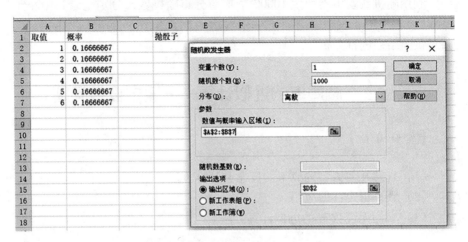

图 2-2-3 模拟投掷骰子的过程

	A	B	C	D	E	F	G	H	I	J	K
1	取值	概率		抛骰子		1	2	3	4	5	6
2	1	0.16666667		3		出现1点	出现2点	出现3点	出现4点	出现5点	出现6点
3	2	0.16666667		3	频数	167	169	159	181	156	168
4	3	0.16666667		1	频率	0.167	0.169	0.159	0.181	0.156	0.168
5	4	0.16666667		5		F4=F3/1000					
6	5	0.16666667		2							
7	6	0.16666667		2		=COUNTIF($D$2:$D$1001,F1)					
8				6							
9				4							
10				2							

图 2-2-4 模拟投掷骰子的结果

从图 2-2-4 中出现 1 点、2 点、3 点、4 点、5 点和 6 点的频率来看，独立重复地抛掷一颗骰子 1000 次，出现 1，2，…，6 这六个数中任意一个数的可能性是大致相同的，这个试验的结果同样验证了频率的稳定性.

（2）R 语言实现.

下面用 R 语言 sample 函数模拟随机抽样，具体代码及运行结果如下：

```
> x = 1 : 6
> a = table( sample( x,1000,T))
> a/1000
```

1	2	3	4	5	6
0.152	0.184	0.177	0.178	0.154	0.155

【巩固练习】

利用随机数发生器产生 10000 个均匀分布随机数，分别记录其中小于
0.5（表示出现正面）和不小于 0.5（表示出现反面）的随机数的个数，
并对试验结果进行分析.

实验三　圆周率的近似计算——蒲丰投针问题

【实验目的】

（1）理解几何概型的概率的概念和计算方法.
（2）频率稳定性的应用.
（3）掌握无理数 π 的近似计算方法.

【实验要求】

（1）会用 Excel 和 R 语言产生均匀分布随机数.
（2）会用 Excel 和 R 语言进行计数.
（3）会用 Excel 和 R 语言进行逻辑判断.

【实验内容】

1777 年，法国科学家蒲丰（Buffon）提出了投针试验问题：平面上画
有等距离 a （$a>0$）的一些平行直线，现向此平面任意投掷一根长为 b
（$b<a$）的针，取 $a=4$，$b=3$，试求此针与某一平行直线相交的概率，并
据此计算圆周率的近似值.

【实验原理】

以 x 表示针投到平面上时，针的中点 M 到最近的一条平行直线的距

离；φ 表示针与该平行直线的夹角．那么针落在平面上的位置可由 (x, φ) 完全确定，如图 2－3－1 所示．

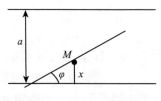

图 2－3－1　针与线相交

投针试验的所有可能结果与矩形区域

$$S = \left\{ (x,\varphi) \;\middle|\; 0 \leqslant x \leqslant \frac{a}{2}, 0 \leqslant \varphi \leqslant \pi \right\}$$

中的所有点一一对应．由投掷的任意性可知，这是一个几何概型问题．由此，事件 $A = \{$针与某一平行直线相交$\}$ 发生的充分必要条件为 S 中的点满足：

$$0 \leqslant x \leqslant \frac{b}{2}\sin\varphi, \qquad 0 \leqslant \varphi \leqslant \pi$$

如图 2－3－2 中的阴影部分 G 所示，

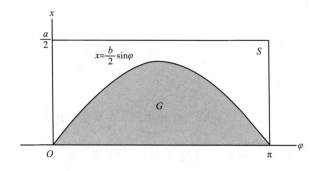

图 2－3－2　投针试验样本空间及事件

由几何概型知识可知，事件 A 发生的概率为：

$$P(A) = \frac{G \text{ 的面积}}{S \text{ 的面积}} = \frac{\int_0^\pi \frac{b}{2}\sin\varphi d\varphi}{\frac{a}{2} \times \pi} = \frac{b}{\frac{a}{2} \times \pi} = \frac{2b}{a\pi}$$

根据频率的稳定性，当投针试验次数 n 很大时，测出针与平行直线相交的次数 m，则频率 m/n 可作为 $P(A)$ 的近似值代入上式，有：

$$\frac{m}{n} \approx \frac{2b}{a\pi}$$

这样就有圆周率 π 的近似计算公式：

$$\pi \approx \frac{2bn}{am}$$

这种借助模拟随机过程来估计某一有兴趣的量的方法就是蒙特卡洛（Monte Carlo）方法．在用传统方法难以解决的问题中，有很大一部分可以用概率模型进行描述．由于这类模型含有不确定的随机因素，分析起来通常比确定性的模型困难．有的模型难以做定量分析，得不到解析的结果，或者是虽有解析结果，但计算代价太大以致不能使用．在这种情况下，可以考虑采用蒙特卡洛方法．蒙特卡洛是摩纳哥的一个著名赌城，二战期间，冯·诺依曼和乌拉姆从事与研制原子弹有关的秘密工作，以赌城"Monte Carlo"作为秘密代号称呼，他们的具体工作是对裂变物质的中子随机扩散进行模拟．蒙特卡洛方法的基本思想是首先建立一个概率模型，使所求问题的解正好是该模型的参数或其他有关的特征量，然后通过模拟统计试验，即多次随机抽样试验（确定 m 和 n），得出某事件发生的频率．只要试验次数很大，该频率便近似于事件发生的概率．利用建立的概率模型便可以求出要估计的参数，从而得到问题的解．蒙特卡洛方法实质上是实验数学的一项内容．

【实验过程】

（1）Excel 实现．

根据公式 $\pi \approx \frac{2bn}{am}$，只需要知道 m 值就可以，即测出针与平行直线相交的次数 m，因此首先确定产生针的位置的所有可能结果 $S = \left\{ (x, \varphi) \,\middle|\, 0 \leqslant x \leqslant \frac{a}{2}, 0 \leqslant \varphi \leqslant \pi \right\}$，然后统计出满足 $\left\{ (x, \varphi) \,\middle|\, 0 \leqslant x \leqslant \frac{b}{2}\sin\varphi, 0 \leqslant \varphi \leqslant \pi \right\}$ 的所有针的个数．由于 φ 的取值范围依赖于 π，实验目的又是计算 π 的近似值，这就会产生循环计算的问题，显得不够严格，为克服这一问题，可先产生角度制随机数，再用函数 RADIAN( ) 转化成弧度制．操作过程如下：依次单击 Excel 主菜单【数据】/【数据分析】/【随机数发生器】，在单元格 A5：A10004 产生（0，2）区间上均匀分布的随机数，如图 2 - 3 - 3 所示．

依次单击 Excel 主菜单【数据】/【数据分析】/【随机数发生器】，在单

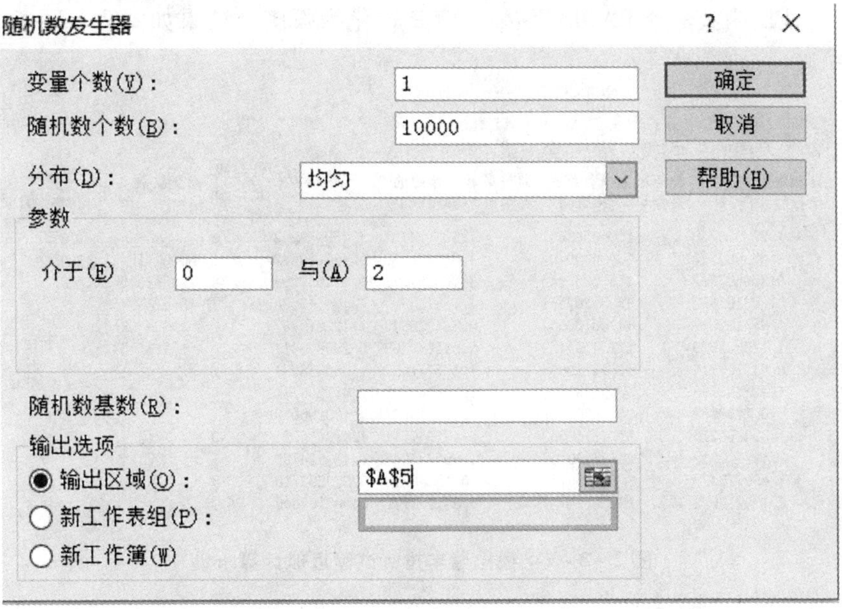

图 2 - 3 - 3 产生区间（0，2）内均匀分布随机数

元格 B5：B10004 产生（0，180）区间上均匀分布的随机数此时产生的随机为角度制，如图 2 - 3 - 4 所示．

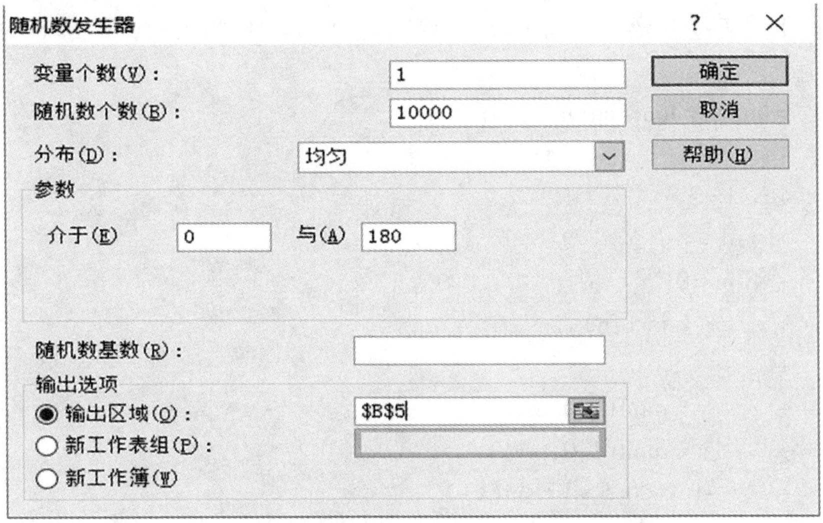

图 2 - 3 - 4 产生区间（0，180）内均匀分布随机数

使用函数命令 RADIANS(φ) 将其转化为弧度，结果如图 2 - 3 - 5 所示.

	A	B	C	D	E	F	G	H
1	实验次数n=10000	平行线距离a=4	针的长度b=3					
2	针的中点到最近平行线距离 x	针与最近平行线的夹角φ（角度制）	针与最近平行线的夹角φ（弧度制）	(b*sinφ)/2	针与线是否相交	相交次数 m	$\pi \approx \dfrac{2bn}{am}$	
3	1.260902738	103.3515427	1.803824707	1.459457293	1	4740	3.164557	
4	1.053987243	106.6420484	1.861254866	1.437168982	1	=COUNTIF(E3:E10002, 1)		
5	0.290597247	175.6053346	3.064891273	0.114939293	0	=2*3*10000/(4*F3)		
6	1.48197882	93.89202551	1.638724987	1.496540603	1	=RADIANS(B3)		
7	1.957152013	48.46766564	0.845920346	1.122872487	0	=3*SIN(C3)/2		
8	1.125522629	171.4194159	2.991833209	0.223800411	0	=IF(A3<=D3, 1, 0)		
9	0.615192114	67.44712668	1.177174432	1.385288991	1			
10	1.832148198	80.01037629	1.396444502	1.477258777	0			
11	0.1109653	84.58082827	1.476213937	1.493295629	1			
12	1.523850215	81.47160253	1.421947711	1.483413725	0			
13	1.422772912	96.87490463	1.690786048	1.489214799	1			
14	1.656178472	8.789330729	0.15340276	0.229202718	0			
15	1.136936552	19.57274087	0.341608772	0.502505006	0			

图 2 - 3 - 5　模拟蒲丰投针试验近似计算 π 值

将角度制随机数转换为弧度制随机数后，根据判断条件得到针与平行直线的相交次数 m，代入计算公式 $\pi \approx \dfrac{2bn}{am}$，即可得到 π 的近似值. 图 2 - 3 - 5 的结果显示，本次计算得到 π 的近似值为 3.164557.

（2）R 语言实现.

下面通过 R 语言编写 buffon 函数，进行 n 次模拟投针，得到 π 的近似值.

```
> buffon = function(n)
+ {
+    l = 3
+    d = 4
+    m = 0
+    for(k in 1:n)
+    {
+       y = runif(1,0,d/2)
+       x = runif(1,0,pi)
+       if(y < 0.5 * l * sin(x))
+          m = m + 1
+       else
+          m = m
```

```
+      }
+      PI = 2 * n * l/( m * d)
+      PI
+ }
> buffon( 10000 )
[1] 3. 19081
```

从运行结果可以看到, 调用编写的 buffon 函数, 在投针 10000 次时得到 π 的近似值为 3. 19081.

【巩固练习】

（模拟计算 π 的简便方法） 如图 2 - 3 - 6 所示, 水平放置的坐标平面上有一个以原点 o 为对称中心, 边长为 2 的正方形. 向正方形内任意投掷一个小球, 设小球停留在正方形任意一点 (x, y) 是等可能的. 求事件 A = {小球落在单位圆内} 的概率.

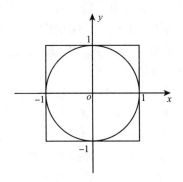

图 2 - 3 - 6　单位圆包含于正方形内

实验四　蒙特霍尔问题

【实验目的】

（1） 加深对频率和概率概念的理解.
（2） 掌握条件概率的实际含义.
（3） 掌握全概率公式和贝叶斯公式的应用.

【**实验要求**】

（1）会用 Excel 和 R 语言产生离散均匀分布随机数．
（2）会用 Excel 和 R 语言进行逻辑判断．
（3）会用 Excel 和 R 语言进行计数．

【**实验内容**】

蒙特霍尔问题（Monty Hall problem），也称为三门问题，是一个源自博弈论的数学游戏问题，出自美国电视游戏节目 "Let's Make a Deal"，问题的名字来自该节目的主持人蒙特·霍尔（Monty Hall）.

这个游戏的玩法是：参赛者会看见关闭的三扇门，其中一扇门的后面有一辆汽车，选中后面有车的那扇门就可以赢得该汽车，而另外两扇门后面则各藏有一只山羊．当参赛者选定了一扇门，但未去开启它的时候，节目主持人会开启剩下两扇门的其中一扇，露出其中一只山羊．主持人其后会问参赛者要不要更换为另一扇仍然关闭的门．问题是：换另一扇门是否会增加参数者赢得汽车的概率？如果严格按照上述条件的话，答案是会，换门的话，赢得汽车的概率是 2/3.

以下是蒙特霍尔问题的一个著名的叙述，来自克雷格·F. 惠特克（Craig F. Whitaker）于 1990 年寄给《展示杂志》（*Parade Magazine*）玛丽莲·沃斯·莎凡特（Marilyn vos Savant）专栏的信件：

假设你正在参加一个游戏节目，你被要求在三扇门中选择一扇门：其中一扇门后面有一辆车，其余两扇门后面则是山羊，你可以通过正确选择有车的门从而获得该辆车．你首先选择了一道门（假设是 1 号门），然后主持人（他知道门后面有什么）开启了一扇后面有山羊的门（假设是 3 号门），如图 2-4-1 所示．这时问题来了，参赛者为了增大选中车的可能性应不应该更换选择而选择另一扇门呢（即选择 2 号门）？

图 2-4-1　蒙特霍尔问题

这个问题给人最直观的感觉是不用换，因为首先开的 3 号门里不是车，那么车肯定在 1 号门或 2 号门后面，想当然的是每个门后面有车的概率都是 50%，换与不换都是没差别的．实际上，更换选择后选中车的概率将上升到 2/3．蒙特霍尔问题的结论是如此地与我们的直觉相违背，请用概率知识分析其中的道理，并设计一个试验模拟蒙特霍尔问题，看模拟的结果是否与理论结果一致？

【实验原理】

解法一：

蒙特霍尔问题的关键是电视节目主持人为了节目的紧张刺激，会故意打开他事先知道的有山羊的门．如果不换的话，参赛者获得汽车的可能性为 1/3，如果参赛者要更换选择，则他将会面临三种等可能的情况：

参赛者选择山羊一号，主持人展示山羊二号．更换选择将赢得汽车．

参赛者选择山羊二号，主持人展示山羊一号．更换选择将赢得汽车．

参赛者选择汽车，主持人展示两头山羊中的任何一头．更换选择将不会赢得汽车．

在前两种情况，参赛者可以通过更换选择而赢得汽车，第三种情况是唯一一种参赛者通过保持原来选择而赢的情况．三种情况中有两种情况是通过更换选择而赢的，所以通过更换选择而赢的概率是 2/3.

解法二：

假设参赛者永远都会更换选择，这时赢的唯一可能性就是选一扇没有车的门，因为主持人其后必定会开启另外一扇有山羊的门，消除了转换选择后选到另外一只羊的可能性．因为门的总数是三扇，有山羊的门的总数是两扇，所以转换选择而赢得汽车的概率是 2/3，与初次选择时选中有山羊的门的概率一样．

解法三：

应用全概率和贝叶斯公式计算更换选择而赢汽车的概率．

假设参赛者选择了 1 号门，主持人打开了 2 号门，设 $A_1 = \{1$ 号门后面有汽车$\}$，$A_2 = \{2$ 号门后面有汽车$\}$，$A_3 = \{3$ 号门后面有汽车$\}$，$B = \{2$ 号门被打开$\}$，则 $P(A_3 | B)$ 表示选择更换门而赢得汽车的概率．

由全概率公式得：

$$P(B) = P(A_1)P(B|A_1) + P(A_2)P(B|A_2) + P(A_3)P(B|A_3)$$
$$= \frac{1}{3} \times \frac{1}{2} + \frac{1}{3} \times 0 + \frac{1}{3} \times 1$$
$$= \frac{1}{2}$$

由贝叶斯公式得 $P(A_3 | B) = \dfrac{P(A_3)P(B|A_3)}{P(B)} = \dfrac{\frac{1}{3} \times 1}{\frac{1}{2}} = \dfrac{2}{3}$

所以转换选择而赢得汽车的概率是 2/3.

【实验过程】

（1）Excel 实现.

为了叙述方便，将门号 1、2、3 分别标号为 A、B、C，假设参赛者选择了 A 号门，主持人打开了 C 号门，随机数 1 表示门后为山羊一号，随机数 2 表示门后为山羊二号，随机数 3 表示门后为汽车，A 号门后可能为山羊一号，可能会山羊二号，也可能为汽车. 用函数 RANDBETWEEN(1，3) 随机产生 1、2、3，一共产生 1000 次，表示游戏一共做了 1000 次，具体的实验过程见图 2 − 4 − 2.

图 2 − 4 − 2　模拟蒙特霍尔问题

由图 2 − 4 − 2 可以看到，如果选择换门，在这 1000 次试验中，赢得汽车的频率为 0.696，约等于 2/3（注：按住键盘上的 F9 键，会发现赢得汽车的频率会改变，但始终接近 2/3）.

（2）R 语言实现.

下面通过 R 语言编写 montyhall 函数，进行 n 次游戏模拟，计算赢得汽车的频率.

> montyhall = function(n)

+ {

```
+     m = 0
+     l = 0
+     x = c(1,2,3)
+     for(i in 1:n)
+     {
+       k = sample(c(1,2,3),1)
+       if(x[k] = = 2)
+       {
+         m = m + 1
+         l = l
+       }
+       else
+       {
+         m = m
+         l = l + 1
+       }
+     }
+ nochange = m/n
+ change = l/n
+ paste("nochang = ",nochange,"change = ",change)
+ }
> montyhall(1000)
[1] "nochang = 0. 344 change = 0. 656"
> montyhall(10000)
[1] "nochang = 0. 3237 change = 0. 6763"
> montyhall(100000)
[1] "nochang = 0. 3318 change = 0. 6682"
> montyhall(1000000)
[1]" nochang = 0. 33298 change = 0. 66702"
```

通过以上运算结果可以看出，随着实验次数的增加，更换选择的频率趋近于 2/3，而不做更换的频率趋近于 1/3，这和理论分析结果是一致的．这个例子告诉我们，用 Excel 和 R 语言设计实验进行模拟，可以纠正我们的直觉错误，同时也可以验证理论的正确性．

【巩固练习】

（敏感性问题的调查与模拟）某次考试后，为了调查参试者中作弊的人数所占的比例，设计如下调查方案：让每一位被调查者从装有 a 个红球和 b 个白球的罐子中任意取出一球，取球时旁人回避，只有被调查者自己知道所取球的颜色，并且规定：

若取到白球，则被调查者回答一般问题甲：你的生日是否在 7 月 1 日之前？

若取到红球，则被调查者回答敏感性问题乙：你这次考试是否作弊？

本题调查的指标是"若取到红球，回答是"的概率，试借助 Excel 和 R 语言模拟考试作弊的概率.

第三章　随机变量及其分布

实验一　随机数的生成

【实验目的】

（1）熟悉常见分布的随机数的产生.

（2）掌握利用随机数进行随机模拟的方法.

【实验要求】

（1）会用 Excel 和 R 语言产生随机数.

（2）借助函数变换产生指定分布的随机数.

【实验内容】

（1）产生参数 $n = 20$，$p = 0.25$ 的二项分布的随机数.

● 产生 1 个随机数.

● 产生 10 个随机数.

● 产生 21（要求 3 行 7 列）个随机数.

（2）产生 81 个随机数（要求 9 行 9 列），服从区间（1，3）上的连续型均匀分布.

（3）产生 9 个服从参数 $\theta = 1/3$ 的指数分布.

（4）产生 7 个随机数，服从均值为 4，标准差为 2 的正态分布.

【实验原理】

在 Excel 中产生某个分布的随机数有三种方法：

方法一：单击 Excel 主菜单【数据】/【数据分析】/【随机数发生器】，如图 3-1-1 所示. 产生几列随机数，就在变量个数输入具体的数字，随机数个数就是每列的随机数个数. 如果是离散型，需要在分布处选择离散，在数值和概率输入区域输入分布律；如果是常用的分布，下拉箭头就可显示. 随机数发生器产生的随机数，不是动态的，按住 F9 不会变化.

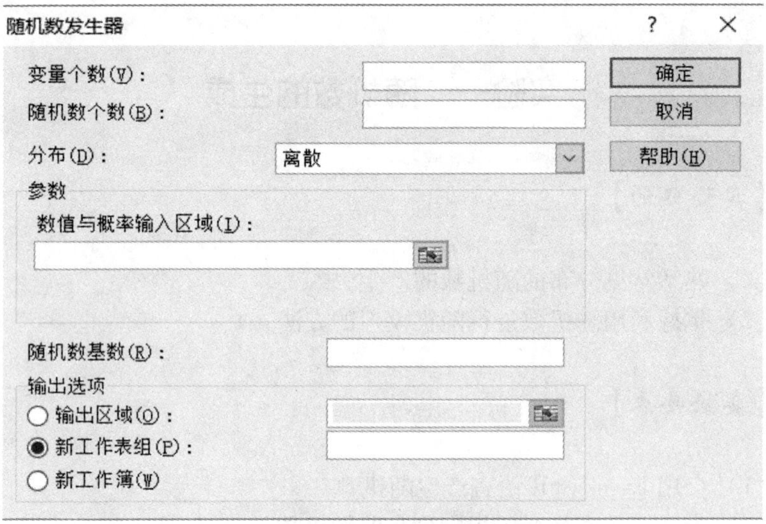

图 3-1-1 随机数发生器

方法二：由本书附录中常用的统计函数的 Excel 命令和 R 命令一览表中的函数命令产生. 例如，正态分布的随机数的函数命令为 NORMINV(RAND(), μ, σ)，其中 RAND() 为产生区间 (0, 1) 上的均匀分布的随机数，表示此正态分布对应的概率，μ 为正态分布的均值，σ 为正态分布的标准差，由函数命令产生的随机数是动态的，按住 F9 一次，就会出现新的随机数. 下面实验过程都采用函数产生随机数，读者也可自行借助随机数发生器完成对应的随机数.

方法三：如果服从某个分布的随机数不能由以上两种方法产生，则考虑借助函数变换将均匀分布随机数转化为指定分布的随机数以满足实际需要. 这种方法的理论依据如下：

定理 3-1-1 若 X 的分布函数 $F_X(x)$ 为严格增加的连续函数，$y = F_X(x)$ 的反函数 $x = F_X^{-1}(y)$ 存在，则服从均匀区间 (0, 1) 内的均匀分布.

由此产生具有指定分布函数 $F(x)$ 的随机数一般方法：

（1）先产生区间（0，1）内的均匀分布随机数 Y.

（2）再令 $X = F_X^{-1}(Y)$.

则 X 的分布函数为 $F_X(x)$，X 就是我们要产生的随机数.

【实验过程】

1. 求解实验内容（1）

（1）Excel 实现.

借助函数命令 CRITBINOM（20，0.25，RAND（）），产生二项分布的随机数（注：如果随机数是由函数命令产生的，则随机数是动态随机数，按住 F9 键，随机数会不断变化）. 如果要产生多个随机数，可直接使用 Excel 填充柄，即将光标移动到有函数命令的单元格的右下角，就会出现一个黑色的十字形，点击单元格拖动鼠标即可将函数命令填入单元格中，产生的随机数如图 3 – 1 – 2 所示.

	A	B	C	D	E	F	G	H
1								
2		（1）产生参数n=20,p=0.25的二项分布的随机数.						
3		•产生1个随机数；						
4		•产生10个随机数；						
5		•产生21（要求3行7列）个随机数.						
6								
7								
8		随机数	公式说明					
9	•		2	=CRITBINOM(20,0.25,RAND())				
10	•		3	=CRITBINOM(20,0.25,RAND())				
11			3					
12			6					
13			5					
14			6					
15			3					
16			3					
17			6					
18			6					
19			5					
20	•	第1列	第2列	第3列	第4列	第5列	第6列	第7列
21		4	8	4	3	5	2	2
22		7	5	4	5	3	4	8
23		7	4	6	2	7	5	8

图 3 – 1 – 2 二项分布的随机数

（2）R 语言实现.

在 R 语言中，可以通过 rbinom 函数产生服从二项分布的随机数，用

matrix 函数可以构建矩阵. 具体的代码及运行结果如下：

```
> rbinom(1,20,0.25)
[1] 4
> rbinom(10,20,0.25)
 [1] 4 5 5 8 6 8 9 4 5 5
> matrix(rbinom(21,20,0.25),3,7)
     [,1] [,2] [,3] [,4] [,5] [,6] [,7]
[1,]   7    7    6    5    5    6    2
[2,]   7    5    5    6    5    3    4
[3,]   3    5    5    3    4    6    7
```

2. 求解实验内容（2）

（1）Excel 实现.

借助函数命令 RAND()，产生 81 个随机数如图 3-1-3 所示.

▲	A	B	C	D	E	F	G	H	I
1	（2）产生81个随机数（要求9行9列），服从区间								
2									
3	（1,3）上的连续型均匀分布.					=1+RAND()*(3-1)			
4									
5	第1列	第2列	第3列	第4列	第5列	第6列	第7列	第8列	第9列
6	2.9450417	1.7866792	2.4115184	2.9124792	2.4030414	1.1317886	1.0042087	2.5666171	1.5862602
7	2.2657401	2.7727009	2.5959163	1.3129965	1.5635848	1.5403124	1.2926904	2.0900641	2.614146
8	1.8199453	2.8006586	2.323563	1.5708025	2.9996827	1.7917914	1.2796883	1.8234481	2.5295253
9	2.3680028	1.9986437	2.6695908	1.6854935	2.7961933	1.5316465	1.7684883	2.3195344	1.3619396
10	1.6996671	2.294064	1.7594533	2.0471327	1.535141	1.6216707	1.3946577	2.3584829	2.6389005
11	1.2508569	2.3544145	1.5527779	2.3457921	1.1845264	2.1541832	2.9588155	2.5317709	2.2200523
12	1.5170575	1.3526174	2.8770605	1.7275258	1.7041552	1.4649065	1.5433646	1.0393769	1.7852099
13	2.4254994	2.0357211	2.3058637	1.6483927	2.7325082	2.1297687	2.3547483	2.9616072	2.4643098
14	2.8895664	2.4847727	2.6769294	2.6507654	1.7123925	2.1024197	1.8378557	2.913244	1.7884401

图 3-1-3 均匀分布的随机数

（2）R 语言实现.

R 语言中，可以通过 runif 产生服从均匀分布的随机数，具体的代码及运行结果如下：

```
> matrix(runif(81,1,3),9,9)
        [,1]     [,2]     [,3]     [,4]     [,5]     [,6]     [,7]     [,8]     [,9]
[1,] 2.709551 2.079006 2.070217 1.499840 1.248917 1.973896 2.673966 1.582538 2.369712
[2,] 2.482261 2.341882 1.284611 2.055303 1.327558 2.441166 1.738399 1.734007 1.601393
[3,] 1.252861 1.066931 1.743308 2.626698 1.309912 1.945167 2.511640 1.177955 1.370395
[4,] 2.578466 1.617737 1.466550 2.161625 2.434922 1.549465 1.065699 2.764881 1.111959
[5,] 2.379014 1.674022 1.104364 2.359460 2.416233 2.708507 1.740222 2.123201 2.508209
[6,] 2.716542 2.761584 1.218469 2.783845 2.212334 1.972964 1.539176 2.653229 1.824382
[7,] 1.930968 2.912581 2.427820 2.080461 2.712913 1.668705 1.139254 2.375998 2.209181
```

[8,] 1.772445 1.588423 2.108131 2.375450 2.491109 2.504243 1.129864 2.070521 2.235475

[9,] 2.041346 2.961479 2.717421 2.987060 1.386482 1.310698 2.684505 1.631218 1.4787493

3. 求解实验内容（3）

（1）Excel 实现.

设 X 服从 $\theta = 1/3$ 的指数分布，则 X 的概率密度函数为：

$$F_X(x) = \begin{cases} 1 - e^{-3x}, & x \geq 0 \\ 0, & x < 0 \end{cases}$$

$F_X(x)$ 满足定理 $3-1-1$ 的要求，当 $x \geq 0$ 时，其反函数为 $x = -\ln(1-y)/3$. 产生指数分布的随机数的过程如图 $3-1-4$ 所示（注：随机数是由函数命令产生的动态随机数，按住 F9，产生的随机数会变化）.

	A	B	C
1	（3）产生9个服从参数 $\theta = 1/3$ 的指数分布		
2			
3	Y	X	
4	0.179925 ←	0.06612	=RAND()
5	0.893569	0.746752 ←	=-LN(1-A5)/3
6	0.477629	0.216459	
7	0.89778	0.760209	
8	0.618076	0.320844	
9	0.011527	0.003865	
10	0.473923	0.214103	
11	0.033107	0.011223	

图 $3-1-4$　指数分布的随机数

（2）R 语言实现.

R 语言中，产生指数分布随机数的函数为 rexp，具体的代码及运行结果如下：

```
> rexp(9,1/3)
```

[1]　2.5688473 10.2736856　1.8434717　2.2351083　3.5721284 4.0755203　0.4994676　0.4661535　0.6502940

4. 求解实验内容（4）

（1）Excel 实现.

借助函数 NORM. INV（RAND（），4，2），产生正态分布的随机的过程如图 $3-1-5$ 所示.

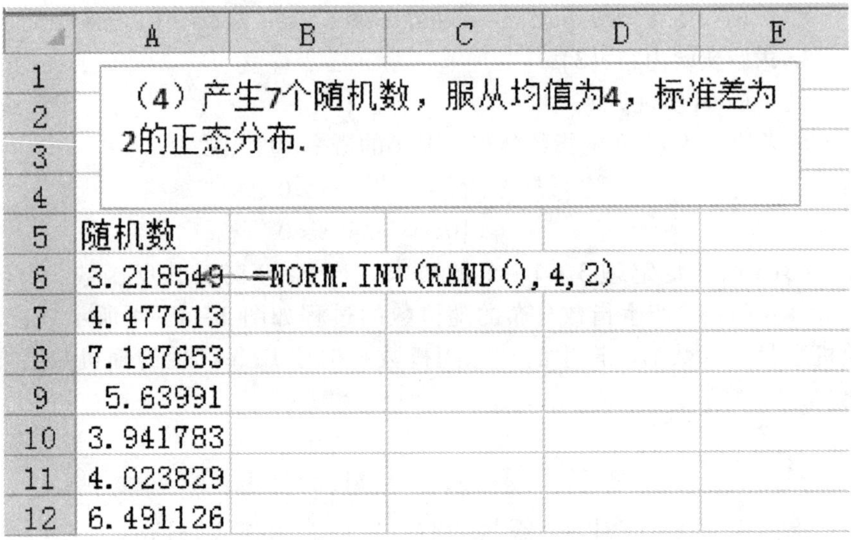

	A	B	C	D	E
1	（4）产生7个随机数，服从均值为4，标准差为				
2					
3	2的正态分布.				
4					
5	随机数				
6	3.218549	=NORM.INV(RAND(),4,2)			
7	4.477613				
8	7.197653				
9	5.63991				
10	3.941783				
11	4.023829				
12	6.491126				

图 3-1-5　正态分布的随机数

（2）R 语言实现.

R 语言中，产生正态分布随机数的函数是 rnorm，具体的代码及运算结果如下：

> rnorm(7,4,2)

[1] 0.7862552　8.7332067　4.5305575　2.1004341　6.5333345
3.2679458　2.8256296

【巩固练习】

（1）产生 9 个服从区间（0，1）上的连续型均匀分布随机数.

（2）产生 8 个标准正态分布的随机数.

实验二　概率作图

【实验目的】

（1）掌握常用离散型分布的分布律和分布函数图.

（2）掌握常用连续型分布的概率密度和分布函数图.

【实验要求】

（1）掌握常用分布随机数产生的函数命令.
（2）掌握分布律、概率密度、分布函数的概念.

【实验内容】

（1）事件 A 在每次试验中发生的概率是 0.3，记 10 次试验中事件 A 发生的次数为 X：
- 画出 X 的分布律图形.
- 画出 X 的分布函数图形.

（2）设随机变量 X 服从均值是 6，标准差是 2 的正态分布：
- 画出 X 的概率密度图形.
- 画出 X 的分布函数图形.

（3）画出二项分布与泊松分布的近似关系图（分布律）；其中二项分布中的参数 $n=25$，$p=0.15$，泊松分布中的参数 $\lambda = np = 3.75$.

【实验原理】

离散型随机变量一般用分布律来刻画，连续型随机变量一般用密度函数来刻画，但两者都可以用分布函数来刻画.

分布函数的定义：对于 $-\infty < x < +\infty$，$F(x) = P\{X \leqslant x\}$. 由此可见，离散型的随机变量的分布函数的图形应该是阶梯形的，属于右连续的；连续型随机变量的分布函数是一条连续的曲线. 特别需要注意分布函数的自变量 x 的取值范围：$-\infty < x < +\infty$.

二项分布和泊松分布都是重要的离散型分布，一般来说，大量重复试验中稀有事件出现的频数均服从或近似服从泊松分布. 泊松分布是由法国数学家泊松于 1837 年作为二项分布的极限分布而导出的，这在当时是一个非常了不起的发现. 泊松定理告诉我们：若 $X \sim B(n,p)$，其中 n 很大，p 很小，而 $\lambda = np$ 不太大（一般来说 $\lambda \leqslant 5$）时，X 近似地服从泊松分布 $\pi(\lambda)$. 由此得到一个实际中常用的近似计算公式：$C_n^k p^k (1-p)^{n-k} \approx \dfrac{(np)^k}{k!} e^{-np}$.

【实验过程】

1. 作二项分布的分布律图和分布函数图

（1）Excel 实现的分布律图.

借助函数 BINOM. DIST( )，画出 X 的分布律图形，如图 3 - 2 - 1 所示.

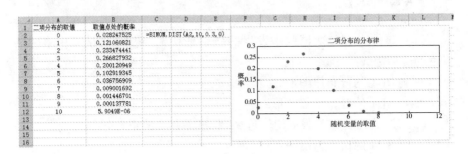

图 3 - 2 - 1　二项分布的分布律（Excel 图）

（2）R 语言实现的分布律图.

同样我们可以用 R 语言来画出二项分布的分布律，首先用 dbinom 函数计算二项分布密度函数各取值点的值，再用 plot 函数画图，如图 3 - 2 - 2 所示. 具体的代码及运行结果如下：

> x = 0:10

> y = dbinom(x, 10, 0.3)

> plot(x, y, main = "二项分布的分布律", pch = 21, bg = "blue", xlab = "随机变量的取值", ylab = "概率")

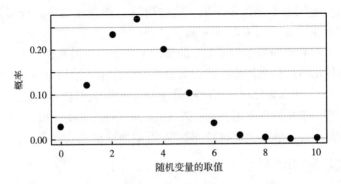

图 3 - 2 - 2　二项分布的分布律（R 语言图）

（3）Excel 实现的分布函数图.

借助函数 BINOM. DIST( ) 和函数 IF( )，画出 X 的分布函数图形，如图 3 – 2 – 3 所示.

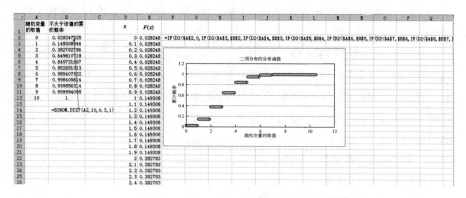

图 3 – 2 – 3　二项分布的分布函数（Excel 图）

由于分布函数 $F(x) = P\{X \leqslant x\}$ 的定义需要自变量 x 的取值为：$-\infty < x < +\infty$，而本题随机变量取值仅仅在 0，1，$\cdots$，10 上其概率为非零，画出来的分布函数图形应该是右连续的. 而且当取值小于 0 时，其分布函数的取值都是 0，当取值大于 10 时，其分布函数取值都是 1，为了清晰表达图形，设自变量 x 的步长为 0.1. 在图 3 – 2 – 3 中单元格 C2 内输入起始值 –1，单击【开始】/【填充】/【系列】，在出现的对话框中输入相应的选项，如图 3 – 2 – 4 所示，就可以在单元格 C2：C122 中产生 –1，–0.9，–0.8，$\cdots$，10.5 共 116 个自变量 x 的取值序列.

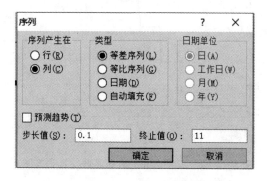

图 3 – 2 – 4　产生序列数

对于单元格区域 C2：C122 中任意一个单元格中的 x 值，计算相应的单元格区域 D2：D122 中的值，具体计算公式如下：

= IF(D2 < $A$2,0,IF(D2 < $A$3,$B$2,IF(D2 < $A$4,$B$3,IF(D2 < $A$5,$B$4,IF(D2 < $A$6,$B$5,IF(D2 < $A$7,$B$6,IF(D2 < $A$8,$B$7,IF(D2 < $A$9,$B$8,IF(D2 < $A$10,$B$9,IF(D2 < $A$11,$B$10,IF(D2 < $A$12,$B$11,1)))))))))))

最后，利用单元格区域 C2：D122 中的数据，画出散点图，经过修饰调整后如图 3 - 2 - 3 所示，图中每一条水平线段右端的空心点 O 可这样画出，鼠标右击图形中任一数据点，等到选择的数据点在该线段最右端时，在弹出的对话框中选择【设置数据系列格式】，再在弹出对话框中选【数据标记选项】/【内置】，类型选择"●"，大小选 5 磅，并且在弹出对话框中选【数据标记填充】，选择无填充，则实心点"●"变为空心点"O"，就可得图 3 - 2 - 3 的效果．

（4）R 语言实现的分布函数图．

同样，我们可以用 R 语言画分布函数图，如图 3 - 2 - 5 所示．首先用 pbinom 计算出二项分布各取值点累计分布函数的值，再用 plot 函数画图．具体代码及运行结果如下：

> x = seq(-1,10.5,0.1)

> y = pbinom(x,10,0.3)

> plot(x,y,main = "二项分布的分布函数",type = "l",xlab = "随机变量的取值",ylab = "累积概率")

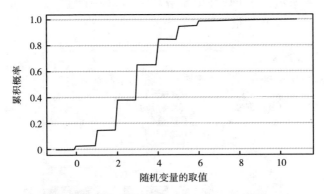

图 3 - 2 - 5　二项分布的分布函数（R 语言图）

2. 作正态分布的概率密度函数图和分布函数图

（1）Excel 实现．

根据正态分布的 3σ 法则，即尽管正态分布的取值范围是 $(-\infty, +\infty)$，

但它的值落在 $(\mu - 3\sigma, \mu + 3\sigma)$ 内大概为99.74%，也就是说它的值落在 $(\mu - 3\sigma, \mu + 3\sigma)$ 内几乎是肯定的，本题的"3σ"区间为 $(0, 12)$，画图时适当将区间扩大为 $(-2, 14)$．为了清晰表达图形，设自变量 x 的步长为0.1．在图 3-2-6 中单元格 A2 内输入起始值 -2，单击【开始】/【填充】/【系列】，在出现的对话框中输入相应的选项，类似于图 3-2-4，就可以在单元格 C2：C122 中产生 -2，-1.9，-1.8，$\cdots$，14 共 161 个自变量 x 的取值序列．

借助函数 NORM. DIST( )，计算对应的概率密度函数值和分布函数值，然后选中单元格 A 列和 B 列数据作出正态分布概率密度函数图，如图 3-2-6 所示，选中单元格 A 列和 C 列数据作出正态分布的分布函数图，如图 3-2-7 所示．

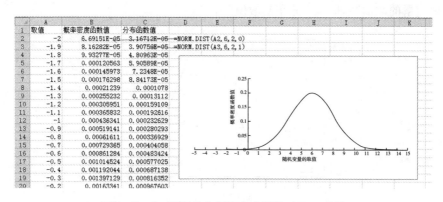

图 3-2-6　正态分布概率密度函数（Excel 图）

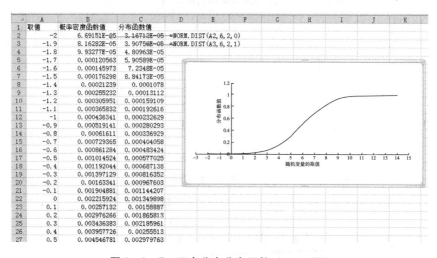

图 3-2-7　正态分布分布函数（Excel 图）

（2）R 语言实现.

下面我们用 R 语言来作正态分布概率密度函数图和分布函数图，如图 3-2-8 和图 3-2-9 所示. 分别用 dnrom 函数和 pnorm 函数获得正态分布密度函数和累计分布函数的值，再用 plot 函数作图，具体代码及运行结果如下：

> x = seq(-2,14,0.1)

> y = dnorm(x,6,2)

> plot(x,y,main = "正态分布的概率密度图形", type = "l", xlab = "随机变量的取值", ylab = "概率密度函数值")

> x = seq(-2,14,0.1)

> y = pnorm(x,6,2)

> plot(x,y,main = "正态分布的分布函数图形", type = "l", xlab = "随机变量的取值", ylab = "分布函数值")

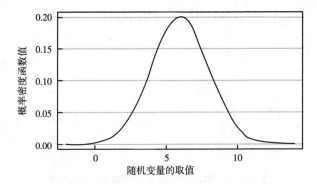

图 3-2-8 正态分布概率密度函数（R 语言图）

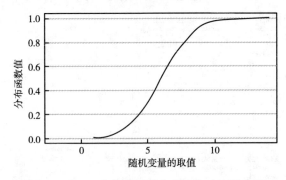

图 3-2-9 正态分布概率分布函数（R 语言图）

3. 画二项分布与泊松分布的近似关系图

（1）Excel 实现.

在图 3 - 2 - 10 中的 A2 输入 0，利用 Excel 的拖放填充功能在单元格区域 A2：A27 中给出随机变量 X 所有的可能取值 $k = 0$，1，2，…，25，再利用函数 BINOM. DIST( ) 和 POISSON. DIST( ) 分别计算对应于每个 k 值的二项分布概率值和泊松分布概率值.

	A	B	C	D	E	F
1	取值	二项分布的概率	泊松分布的概率			
2	0	0.01719781	0.023517746	=BINOM. DIST(A2, 25, 0.15, 0)		
3	1	0.075872691	0.088191547	=POISSON. DIST(A2, 3.75, 0)		
4	2	0.16067158	0.165359151			
5	3	0.217379196	0.206698938			
6	4	0.210985691	0.193780255			
7	5	0.15637763	0.145335191			
8	6	0.091986841	0.090834494			
9	7	0.044060924	0.048661336			
10	8	0.017494779	0.022810001			

图 3 - 2 - 10　二项分布与泊松分布的计算过程

利用 Excel 中的【插入】/【图表】/【柱形图】将二项分布和泊松分布绘制在一个图表中，并对图形作适当修饰调整，得到图 3 - 2 - 11.

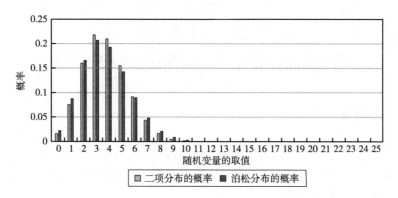

图 3 - 2 - 11　二项分布与泊松分布近似关系（Excel 图）

由图 3 - 2 - 11 可得，当 $\lambda = n \times p = 3.75 \leqslant 5$ 时，二项分布与泊松分布图比较接近.

（2）R 语言实现.

下面用 R 语言作二项分布与泊松分布近似关系图，具体代码及运行结果如下：

```
> x = 0:25
> bx = dbinom(x,25,0.15)
> px = dpois(x,3.75)
```

> data = rbind(bx, px)

> barplot(data, col = c("blue" , "red"), beside = TRUE, xlab = '随机变量的取值', ylab = '概率')

> legend("topright" , pch = 15, c("二项概率" , "泊松概率"), col = c("blue" , "red"))

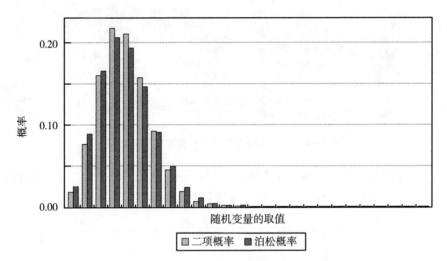

图 3 – 2 – 12　二项分布与泊松分布近似关系（R 语言图）

【巩固练习】

（1）画正态分布的概率密度函数图和分布函数图：

● 在同一个坐标系中画出均值为 – 3、3、5，标准差为 2 的正态分布概率密度和分布函数图.

● 在同一个坐标系中画出均值为 6，标准差为 1、2、3 的正态分布概率密度图和分布函数图.

（2）设随机变量 X 服从参数 $\theta = 1/6$ 的指数分布：

● 画出 X 的概率密度函数图形.

● 画出 X 的概率分布函数图形.

（3）设随机变量 X 服从区间 [2，6] 上的均匀分布：

● 画出 X 的概率密度函数图形.

● 画出 X 的概率分布函数图形.

实验三　服务窗口设置问题

【实验目的】

（1）加深对二项分布的理解．
（2）掌握二项分布在实际问题中的应用．

【实验要求】

（1）会用 Excel 和 R 语言计算二项分布计算临界值．
（2）会用 Excel 和 R 语言计算二项分布计算概率．
（3）理解实际问题的统计建模过程．

【实验内容】

某居民小区有 n 个人，设有一家银行，开 m 个服务窗口，每个窗口均办理所有业务，m 太小则经常排长队，m 太大又不经济．假设在任一指定的时刻，这 n 个人中每一个人是否去银行是相互独立的，每个人在银行的概率是 $p = 0.1$，现在要求"在银行营业中任一时刻每个窗口的排队人数（包括正在被服务的那个人）不超过 s"这个事件的概率不小于 α（α 一般取 0.80、0.90 或 0.95），则至少需要开多少个窗口？取 $n = 200$，$s = 3$，$\alpha = 0.95$．

【实验原理】

设小区中的 n 个人在同一时刻去银行的人数为 X，则由题意得，$X \sim b(n, p)$，其分布律为：
$$P\{X = k\} = C_n^k p^k (1 - p)^{n-k}, k = 0, 1, 2, \cdots, n$$
则事件"在银行营业中任一时刻每个窗口的排队人数（包括正在服务的那个人）不超过 s"的概率为：
$$P\{X \leqslant ms\} = \sum_{k=0}^{ms} C_n^k p^k (1 - p)^{n-k}$$
因此，问题转化为：寻求最小的自然数 m，使得下面的不等式成立：

$$P\{X \leqslant ms\} = \sum_{k=0}^{ms} C_n^k p^k (1-p)^{n-k} \geqslant \alpha$$

下面以 $n = 200$，$s = 3$，$\alpha = 0.95$ 来求自然数 m。

【实验过程】

（1）Excel 实现。

方法1：借助函数 CRITBINOM()，计算结果如图 3 - 3 - 1 左边所示。

方法2：借助函数 BINOM. DIST()，观察累积概率大于 0.95 的最小的正整数，计算过程如图 3 - 3 - 1 右边所示。

	A	B	C	D	E	F	G	H	I
1	最小的 ms	公式说明			取值	累计概率	公式说明		
2		27	=CRITBINOM(200,0.1,0.95)		0	7.0551E-10	=BINOM.DIST(E2,200,0.1,1)		
3					1	1.6383E-08			
4					2	1.8971E-07			
5					3	1.4608E-06			
6					4	8.4164E-06			
7					5	3.8712E-05			
8					6	0.00014811			
9					7	0.000485			
10					25	0.89954271			
11					26	0.93277532			
12					27	0.9565715	最小的 ms		
13					28	0.97290777			
14					29	0.98367343			
15					30	0.99049169			

图 3 - 3 - 1　两种方法计算最小的 m 值

由图 3 - 3 - 1 右边部分可得，当 ms 取 26 时，累积概率小于 0.95，当 ms 取 27 时，累积概率大于 0.95，因此，累积概率大于 0.95 的最小整数为 27，即 $ms = 27$，与第一种方法算得答案一样，又因为已知 $s = 3$，所以 $m = 9$。

（2）R 语言实现。

下面我们通过 R 语言来计算最优窗口设置的理论值，具体的代码及运算结果如下：

```
> n = 200
> s = 3
> p = 0.1
> a = 0.95
> for( m in 1:15)
+ {
```

```
+     l = 0
+     c = 0
+     for( k in 0:( m * s))
+     {
+         l = l + choose( n,k) * p^k * ( 1 - p)^( n - k)
+     }
+     cat( "l(",m,") = ",l," \n")
+ }
```

$l(1) = 1.460788e - 06$

$l(2) = 0.0001481125$

$l(3) = 0.003528566$

$l(4) = 0.03204653$

$l(5) = 0.1430754$

$l(6) = 0.3724195$

$l(7) = 0.6483522$

$l(8) = 0.855106$

$l(9) = 0.9565715$

$l(10) = 0.9904917$

$l(11) = 0.9984631$

$l(12) = 0.9998142$

$l(13) = 0.999983$

$l(14) = 0.9999988$

$l(15) = 0.9999999$

由以上数据可以看出，随着 m 的增大，概率逐渐增大，概率大于 0.95 的最小 m 值为 9. 或者也可以直接用函数 qbinom 函数计算：

```
> qbinom( 0.95,200,0.1)
```

[1]27

即：$ms = 27$，所以 $m = 9$.

下面对最优窗口的设置进行模拟：

```
> p = 0.1
> n = 200
> s = 3
> zcs = 1000
> alpha = 0.95
```

```
> for( m in 1:15)
+ {
+    b = 0
+    for( j in 1:zcs)
+    {
+      a = 0
+      for( i in 1:n)
+      {
+        x = rbinom( 1,1,p)
+        if( x = = 1)
+            a = a + 1
+      }
+      if( a < = m * s)
+          b = b + 1
+    }
+    cat( "m( ",m," ) = ",b/zcs," \n")
+ }
m(1) = 0
m(2) = 0
m(3) = 0.002
m(4) = 0.022
m(5) = 0.127
m(6) = 0.354
m(7) = 0.659
m(8) = 0.852
m(9) = 0.961
m(10) = 0.99
m(11) = 0.999
m(12) = 1
m(13) = 1
m(14) = 1
m(15) = 1
```

从上面的数据可以看出，在 $n = 200$，$s = 3$，$p = 0.1$，$\alpha = 0.95$ 时，最优窗口设置数为 $m = 9$，模拟计算的结果和理论计算结果是一致的．同时，我们还可以修改参数，计算在其他情况下的最优窗口设置．

实验四 巴拿赫火柴盒问题

【实验目的】

（1）加深对二项分布的理解．
（2）掌握二项分布在实际问题中的应用．

【实验要求】

（1）会用 Excel 和 R 语言进行模拟摸火柴的过程．
（2）会用 Excel 和 R 语言进行逻辑判断．
（3）会用 Excel 和 R 语言进行计数．

【实验内容】

波兰数学家巴拿赫随身带着两盒火柴，分别放在两个衣袋里，每盒有 n 根火柴．每次使用时，随机地从其中一盒中取出一根．试求他将其中一盒火柴用完，而另一盒中剩下的火柴根数为 k 时的概率．

【实验原理】

为了求得巴拿赫衣袋中的一盒火柴已空而另一盒还有 k 根的概率，我们记 A 为取左衣袋盒中火柴的事件，$\bar{A}$ 为取右衣袋盒中火柴的事件．将取一次火柴看作一次随机实验，每次实验结果是 A 或 $\bar{A}$ 发生．显然有 $P(A) = P(\bar{A}) = \dfrac{1}{2}$．

若巴拿赫首次发现他左衣袋中的火柴盒变空，这时事件 A 已经是第 $n+1$ 次发生，而此时他右边衣袋中火柴盒中恰剩 k 根火柴，相当于他在此前已在右衣袋中取走了 $n-k$ 根火柴，即 $\bar{A}$ 发生了 $n-k$ 次．即一共做了 $2n-k+1$ 次随机试验，其中事件 A 发生了 $n+1$ 次，事件 $\bar{A}$ 发生了 $n-k$ 次．在这 $2n-k+1$ 次实验中，第 $2n-k+1$ 是事件 A 发生的，在前面的 $2n-k$ 次实验中，事件 A 恰好发生了 n 次，设 X 表示 $2n-k$ 次实验中事件 A

发生的次数，则 $X \sim B(2n-k, n)$，因此有 $P(X=n) = C_{2n-k}^n (P(A))^n$ $(P(\bar{A}))^{n-k}$，所以他发现左衣袋火柴盒已空，而右衣袋恰有 k 根火柴的概率为：

$$P(A) C_{2n-k}^n (P(A))^n (P(\bar{A}))^{n-k} = \frac{1}{2} C_{2n-k}^n \left(\frac{1}{2}\right)^{2n-k}$$

由对称性知，当他发现右衣袋火柴盒已空而左衣袋中恰有 k 根火柴的概率也是 $C_{2n-k}^n \left(\frac{1}{2}\right)^{2n-k+1}$。

所以，巴拿赫发现他一只衣袋里火柴盒已空而另一只衣袋的火柴盒中恰有 k 根火柴的概率为 $C_{2n-k}^n \left(\frac{1}{2}\right)^{2n-k}$。

【实验过程】

(1) Excel 实现。

假设 $n=20$，$k=2$，即表示巴拿赫左右衣袋各有 20 根火柴，当他发现一火柴盒已空时，另一盒剩下的火柴为 2 根。应用随机发生器随机产生 1000 个随机变量表示巴拿赫重复做 1000 次实验，每一次实验由 40 个随机数组成，表示巴拿赫向左右衣袋摸火柴共 40 次，其中 1 表示向左衣袋摸火柴，0 表示向右衣袋摸火柴。当他发现一盒已空，而另一盒为 2 根火柴时，说明他已经摸火柴 39 次，但是他最后一次摸火柴时，发现一盒已空，表示他第 39 次没有摸到火柴。如果第 39 次出现 1，表示他发现左衣袋的火柴盒已空，意味着前 38 次试验中，取走了左衣袋全部火柴 20 根，此时前 38 次试验中应该有 20 个 1，8 个 0；如果第 39 次出现 0，表示他发现右衣袋的火柴盒已空，意味着前 38 次试验中，取走了右衣袋全部火柴 20 根此时前 38 次试验中应该有 20 个 0，8 个 1。我们做实验的目标就是验证这 1000 次实验中，符合上述条件的有多少个？然后除以总实验次数 1000，是否与理论上的概率 $C_{2n-k}^n \left(\frac{1}{2}\right)^{2n-k} = C_{38}^{20} \left(\frac{1}{2}\right)^{38}$ 相吻合。具体操作过程如图3-4-1所示。

如图 3-4-1 所示，当 $n=20$，$k=2$ 时，理论上的概率值为 $C_{2n-k}^n \left(\frac{1}{2}\right)^{2n-k} = 0.122156$，而由模拟得到的结果为 0.12，相差不大，比较吻合。

	实验过程说明 (A)	摸火柴次数 (B)	第1次实验 (C)	第2次实验 (D)	第3次实验 (E)	第4次实验 (F)	第5次实验 (G)	第6次实验 (H)	第7次实验 (I)	第8次实验 (J)	第9次实验 (K)	第10次实验 (L)
31	巴拿赫发现他一只衣袋里火柴空而另一只衣袋的盒中恰有k根火柴的理论上的概率为： $C_{2n-k}^n \left(\dfrac{1}{2}\right)^{2n-k}$ 本次实验取 n=20, k=2	31	0	0	1	0	0	0	1	1	0	0
32		32	0	0	1	0	0	0	0	1	1	0
33		33	1	0	1	0	0	1	1	0	1	0
34		34	0	0	0	1	1	0	1	0	1	1
35		35	1	1	1	0	0	1	1	1	0	1
36		36	0	0	0	0	0	1	1	1	0	1
37		37	1	0	0	0	1	0	1	1	0	0
38		38	1	0	1	0	1	1	0	1	1	0
39		39	0	1	0	1	1	0	0	1	0	1
40		40	0	1	0	1	1	1	0	0	1	1
42	统计摸火柴38次中，有多少个1		18	15	20	19	19	17	18	14	14	21
43	统计摸火柴38次中，如果满足20个1，8个0，且第39次出现1，则表示符合题意，记为TRUE。或者如果满足20个0，8个1，且第39次出现0，也表示符合题意，记为TRUE。		=SUM(C2:C39)	TRUE	FALSE	FALSE	FALSE	FALSE	FALSE	FALSE	FALSE	FALSE	FALSE
44	统计1000次实验中出现TRUE的次数			120	=COUNTIF(C43:ALN43, TRUE)								
45	统计1000次实验中出现TRUE的概率			0.12	=C44/1000								
46	理论上的概率			0.1221561	=COMBIN(38, 20)*0.5^38								

图 3 - 4 - 1 模拟巴拿赫摸火柴的过程

（2）R 语言实现.

下面我们用 R 语言来模拟巴拿赫火柴盒问题，具体的代码及运行结果如下：

```
#首先，观察当 n = 20 时，随着 k 的增大，概率的变化趋势：
> n = 20
> for( k in 0 :20)
+ {
+     p = choose(2 * n - k, n) * 0. 5^(2 * n - k)
+     cat( "p(", k, ") = ", p, "\n" )
+ }
p(0) = 0. 1253707
p(1) = 0. 1253707
p(2) = 0. 1221561
p(3) = 0. 1157268
p(4) = 0. 1063435
p(5) = 0. 09452759
p(6) = 0. 08102365
p(7) = 0. 06672536
p(8) = 0. 05257149
p(9) = 0. 03942862
p(10) = 0. 0279816
p(11) = 0. 0186544
p(12) = 0. 01157859
p(13) = 0. 006616339
p(14) = 0. 003430694
```

p(15) = 0.001583397

p(16) = 0.000633359

p(17) = 0.0002111197

p(18) = 5.507469e - 05

p(19) = 1.001358e - 05

p(20) = 9.536743e - 07

从上述结果可以看到，当 $n=20$ 时，随着 k 的增大，概率 p 越来越小，而且概率值变化明显.

\#观察当 k 固定时（固定为2），随着 n 的增大，概率的变化趋势.

```
>k = 2
>for( n in 10:20)
+{
+    p = choose(2 * n - k,n) * 0.5^(2 * n - k)
+    cat("p(",n,") = ",p,"\n")
+}
```

p(10) = 0.1669235

p(11) = 0.1601791

p(12) = 0.1541724

p(13) = 0.1487818

p(14) = 0.1439109

p(15) = 0.1394829

p(16) = 0.1354354

p(17) = 0.1317176

p(18) = 0.1282874

p(19) = 0.12511

p(20) = 0.1221561

从上述结果可以看到，当 k 为2时，随着 n 的增大，概率 p 越来越小，但是概率值变化不是很明显.

\#巴拿赫火柴盒问题的模拟

```
>n = 20
>p = 0.5
>a = 10000
>for( k in 1:n)
+{
```

```
+    m = 0
+    for( j in 1 : a)
+    {
+      n1 = n
+      nr = n
+      for( i in 1 : (2 * n))
+      {
+        x = rbinom( 1 , 1 , p)
+        if( x = = 0)
+          n1 = n1 - 1
+        else
+          nr = nr - 1
+        if( n1 = = 0 | nr = = 0)
+          break
+      }
+      if( ( n1 = = 0&nr = = k) | ( nr = = 0&n1 = = k) )
+        m = m + 1
+    }
+    cat( "p( " , n , " , " , k , " ) = " , m/a , " \n" )
+ }
p( 20 , 1 ) = 0. 1252
p( 20 , 2 ) = 0. 1269
p( 20 , 3 ) = 0. 1241
p( 20 , 4 ) = 0. 121
p( 20 , 5 ) = 0. 1054
p( 20 , 6 ) = 0. 0986
p( 20 , 7 ) = 0. 0806
p( 20 , 8 ) = 0. 0651
p( 20 , 9 ) = 0. 0512
p( 20 , 10 ) = 0. 0341
p( 20 , 11 ) = 0. 0289
p( 20 , 12 ) = 0. 0159
p( 20 , 13 ) = 0. 0099
p( 20 , 14 ) = 0. 0054
```

$p(20,15) = 0.002$

$p(20,16) = 7e-04$

$p(20,17) = 2e-04$

$p(20,18) = 2e-04$

$p(20,19) = 0$

$p(20,20) = 0$

上述结果是 $n = 20$，$p = 0.5$ 对应的概率（k 从 1 到 20），模拟的结果和理论结果比较接近. 读者也可以改变上述程序，模拟 k 固定时，概率随着 n 的值变化的结果.

实验五 公交汽车车门高度设计

【实验目的】

（1）加深对正态分布的理解.

（2）掌握正态分布在实际问题中的应用.

【实验要求】

（1）会用 Excel 和 R 语言计算正态分布分位点.

（2）会用 Excel 和 R 语言计算正态分布概率.

（3）理解实际问题的统计建模过程.

【实验内容】

公共汽车的高度是按男子与车门定碰头的机会在 0.01 以下来设计的，设男子身高 X（单位：cm），服从正态分布 $N(170, 6^2)$，试确定车门的高度.

【实验原理】

设车门的高度为 h，依题意有：

$$P\{X > h\} = 1 - P\{X \leqslant h\} < 0.01$$

$$P\{X \leqslant h\} > 0.99$$

因此，问题转化为求满足上式的最小的 h. 或者转化为标准正态分布：

$$P\{X \leqslant h\} = \Phi\left(\frac{h-170}{6}\right) > 0.99$$

再求最小的 h.

【实验过程】

（1）Excel 实现.

方法一：借助一般正态分布计算临界值（分位点）函数 NORM. INV ( )，计算结果如图 3 − 5 − 1 所示，由此可见，公交车门高度应为 183.9581 cm，因此公交车门高度最小为 184 cm.

方法二：借助标准正态分布计算临界值（分位点）函数 NORM. S. INV ( )，计算结果如图 3 − 5 − 1 所示，由此可见，$\dfrac{h-170}{6} = 2.326348$，因此公交车门高度最小为 184 cm.

▲	A	B	C	D	E	F
1		结果	公式说明			
2	一般正态分布函数计算	183.9581	=NORM. INV (0.99, 170, 6)			
3	转化为标准正态分布计算	2.326348	=NORM. S.			
4						

图 3 − 5 − 1　两种函数计算结果比较

（2）R 语言实现.

R 语言实现的代码及运行结果如下：

```
> qnorm(0.99,170,6)
[1] 183.9581
> qnorm(0.99,0,1)
[1] 2.326348
```

实验六　考试录取问题

【实验目的】

（1）加深对正态分布的理解.

（2）掌握正态分布在实际问题中的应用.

【实验要求】

（1）会用 Excel 和 R 语言计算正态分布分位点.
（2）会用 Excel 和 R 语言计算正态分布概率.
（3）理解实际问题的统计建模过程.

【实验内容】

某公司准备通过招聘考试招收 320 名职工，其中正式工 280 名，临时工 40 名；报考的人数是 1821 人，考试满分是 400 分. 考试后得知，考试平均成绩 $\mu = 166$ 分，360 分以上的高分考生有 31 人. 小王在这次考生中得了 256 分，问他能否被录取？能否被聘为正式工？设 X 为报考人的考试成绩，且 $X \sim N(166, \sigma^2)$.

【实验原理】

设 X 为报考人的考试成绩，$X \sim N(166, \sigma^2)$，由于正态分布的 σ^2 未知，可以根据 1821 名考生中得分 360 分以上的考生有 31 人这个条件来确定. 即 $P\{X > 360\} = \dfrac{31}{1821}$，由于方差未知，需要把一般正态分布转化为标准正态分布，即 $P\left\{\dfrac{X-\mu}{\sigma} > \dfrac{360-u}{\sigma}\right\} = \dfrac{31}{1821}$，即 $1 - \Phi\left(\dfrac{360-166}{\sigma}\right) = \dfrac{31}{1821}$，求得 $\sigma = 91.5$，进而确定小王的名次大约为 297 名，故他只能被聘为临时工.

【实验过程】

（1）Excel 实现.

	A	B	C	D	E
1		结果	公式说明		
2	标准正态分位点	2.119512	=NORM. S. INV(1-31/1821)		
3	σ的值	91.53051	=(360-166)/B2		
4	比小王分数高的概率	0.162735	=1-NORM. DIST(256, 166, B3, 1)		
5	小王的名次	296.3407	=B4*1821		

图 3-6-1　考试录取问题

（2）R 语言实现.

R 语言实现的代码及运行结果如下：

```
>31/1821
[1] 0.01702361
>qnorm(1-0.017,0,1)
[1] 2.120072
>194/2.1201
[1] 91.50512
>pnorm(90/91.5,0,1)
[1] 0.8373455
>1-pnorm(90/91.5,0,1)
[1] 0.1626545
>0.1627 * 1821
[1] 296.2767
```

第四章 大数定律和中心极限定理

实验一 定积分的计算

【实验目的】

（1）加深对大数定理的认识，对其背景和应用有直观的理解.

（2）了解 Excel、R 软件在模拟仿真中的应用.

【实验要求】

（1）掌握大数定律的理论知识.

（2）会用 Excel 和 R 语言计算均值和方差.

【实验内容】

用蒙特卡洛方法计算定积分 $I = \int_a^b f(x)\,\mathrm{d}x$，如 $I = \int_0^1 x^2\,\mathrm{d}x.$

【实验原理】

弱大数定律（辛钦大数定律）：设随机变量 X_1，X_2，$\cdots$，X_n 相互独立，服从同一分布且具有数学期望 $E(X_k) = \mu\,(k = 1,\ 2,\ \cdots)$，则序列 $\overline{X} = \dfrac{1}{n}\sum_{k=1}^{n} X_k$ 依概率收敛于 μ，即 $\overline{X} \xrightarrow{P} \mu.$

弱大数定律的一个重要的推论就是伯努利大数定律：设 f_A 是 n 次独立重复试验中事件 A 发生的次数，p 是事件 A 在每次试验中发生的概率，则频率依概率收敛于概率，即 $\dfrac{f_A}{n} \xrightarrow{P} p$.

【实验过程】

任取一列相互独立的随机变量 X_1，X_2，$\cdots$，X_n，它们都服从 $[a, b]$ 上的均匀分布，则 $g(X_i)$ 也是一列相互独立的随机变量，且：

$$E[g(X_i)] = \int_a^b g(x) f_X(x) \, dx = \frac{1}{b-a} \int_a^b g(x) \, dx = \frac{I}{b-a}$$

所以：

$$I = (b-a)E[g(X_i)]$$

由弱大数定律得：

$$\frac{g(X_1) + g(X_2) + \cdots + g(X_n)}{n} \to E[g(X_i)]$$

因此，只要生成随机变量序列 $g(X_i)$，就能求出 I 的近似值.

（1）Excel 实现.

我们可以在计算机上生成服从均匀分布的随机数 X_1，X_2，$\cdots$，X_n，然后求出 $g(X_1)$，$g(X_2)$，$\cdots$，$g(X_n)$，就有：

$$I \approx \frac{(b-a)}{n}[g(X_i) + g(X_2) + \cdots + g(X_n)]$$

一共产生 1000 个随机数，实验过程如图 4 -1 -1 所示.

	A	B	C	D
1	随机数 X_i	$f(X_i)$		
2	0.915925913	0.83892	0.343118	C2=AVERAGE（B2:B1001）
3	0.122408616	0.014984		=RAND（）
4	0.977705514	0.955908		=A2^2
5	0.756642513	0.572508		
6	0.443125464	0.19636		
7	0.820783924	0.673686		
8	0.727630284	0.529446		
9	0.540940254	0.292616		
10	0.186474311	0.034773		
11	0.265853656	0.070678		
12	0.526919988	0.277645		

图 4 -1 -1 定积分模拟结果

（2）R 语言实现．

R 语言中，我们同样使用蒙特卡洛方法和定积分函数两种方法来计算，其中计算定积分的函数是 integrate，具体代码及运行结果如下：

```
> times = 1000
> x = runif( times)
> y = x^2
> I = mean( y)
> I
[ 1]0. 3469159
> y = function( x)
+ {
+     y = x^2
+ }
> integrate( y,0,1)
0. 3333333 with absolute error < 3. 7e – 15
```

实验二 参加家长会人数问题

【实验目的】

（1）加深对中心极限定理的认识，对其背景和应用有直观的理解．

（2）了解 Excel 和 R 软件在模拟仿真中的应用．

【实验要求】

（1）掌握中心极限定理的理论知识．

（2）会用 Excel 和 R 软件计算样本的均值和方差．

【实验内容】

对于一个学生而言，来参加家长会的家长人数是一个随机变量，设一个学生无家长、1 名家长、2 名家长来参加的概率分别为 0. 05、0. 8、0. 15. 若学校共有 400 名学生，各学生参加会议的家长人数相互独立，且服从同一分布.

（1）求参加会议的家长人数 X 超过 450 的概率.

（2）求有 1 名家长来参加会议的学生人数不多于 340 的概率.

理论计算后，用 Excel 和 R 进行模拟，观察试验与理论结果的差异.

【实验原理】

在客观实际中有许多随机变量，它们是由大量的相互独立的随机因素综合影响所形成的，其中每个因素在总的影响中所起的作用都是微小的. 这种随机变量往往近似地服从正态分布. 这种现象就是中心极限定理的客观背景.

独立同分布的中心极限定理　设随机变量 X_1，X_2，$\cdots$，X_n 相互独立且服从同一分布，具有数学期望 $E(X_k) = \mu$ 和方差 $D(X_k) = \sigma^2 > 0$（$k = 1$，2，$\cdots$），则随机变量之和 $\sum\limits_{k=1}^{n} X_k$ 的标准化变量或者随机变量的算术平均值 $\overline{X} = \dfrac{1}{n} \sum\limits_{k=1}^{n} X_k$ 的标准化变量：近似地服从标准正态分布，即有以下表达式成立：

$$\frac{\sum\limits_{k=1}^{n} X_k - n\mu}{\sqrt{n}\,\sigma} \overset{\text{近似地}}{\sim} N(0,1)$$

或者

$$\frac{\overline{X} - \mu}{\sigma/\sqrt{n}} \overset{\text{近似地}}{\sim} N(0,1)$$

下面的定理是独立同分布的中心极限定理的特殊情况（针对二项分布）.

棣莫弗—拉普拉斯定理　设随机变量 η_n（$n = 1$，2，$\cdots$）服从参数为 n，p（$0 < p < 1$）的二项分布，则 η_n 的标准化变量近似地服从标准正态分布，即 $\dfrac{\eta_n - np}{\sqrt{npq}} \overset{\text{近似地}}{\sim} N(0,1)$.

【实验过程】

1. 理论分析

（1）设 X_k（$k = 1$，2，$\cdots$，400）为第 k 个学生来参加会议的家长人

数，则 X_k 的分布律为：

X_k	0	1	2
p_k	0.05	0.8	0.15

易知 $E(X_k)=1.1$，$D(X_k)=0.19$，$k=1$，2，$\cdots$，400. 而 $X=\sum\limits_{k=1}^{400}X_k$.
由独立同分布的中心极限定理得：

$$\frac{\sum\limits_{k}^{n}X_k-400\times1.1}{\sqrt{400}\sqrt{0.19}}=\frac{X-400\times1.1}{\sqrt{400}\sqrt{0.19}}\overset{近似地}{\sim}N(0,1)$$

于是：

$$P\{X>450\}=P\left\{\frac{X-400\times1.1}{\sqrt{400}\sqrt{0.19}}>\frac{450-400\times1.1}{\sqrt{400}\sqrt{0.19}}\right\}$$

$$=1-P\left\{\frac{X-400\times1.1}{\sqrt{400}\sqrt{0.19}}\leq1.147\right\}$$

$$\approx1-\Phi(1.147)$$

$$=0.1251$$

（2）以 Y 记有一名家长参加会议的学生人数，则 $Y\sim b(400,0.8)$，由棣莫弗—拉普拉斯定理可得：

$$P\{Y\leq450\}=P\left\{\frac{Y-400\times0.8}{\sqrt{400\times0.8\times0.2}}\leq\frac{300-400\times0.8}{\sqrt{400\times0.8\times0.2}}\right\}$$

$$=P\left\{\frac{Y-400\times0.8}{\sqrt{400\times0.8\times0.2}}\leq2.5\right\}$$

$$\approx\Phi(2.5)$$

$$=0.9938$$

这是理论上的值，下面借助软件进行仿真模拟.

2. 利用软件计算

（1）Excel 实现.

点击【数据】/【数据分析】/【随机数发生器】，在出现的对话框中输入图 4-2-1 所示内容，然后点击【确定】，产生随机数放置在区域 C2：ALN401，一共有 400000 个随机数，每列相当于一次试验（400 名学生来开家长会的家长人数分布），一共 1000 列，相当于取 1000 个样本，每一个样本的样本容量为 400（见图 4-2-2 和图 4-2-3）.

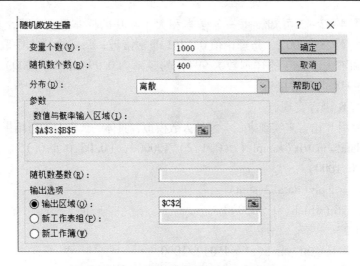

图4-2-1 离散模型的随机数产生过程

	A	B	C	D	E	F	G	H	I	J	K
1			随机数1	随机数2	随机数3	随机数4	随机数5	随机数6	随机数7	随机数8	随机数9
2	X_k取值	概率	1	1	1	1	1	1	1	2	1
3	0	0.05	1	1	2	2	1	0	1	1	1
4	1	0.8	1	1	1	1	2	1	1	1	1
5	2	0.15	1	1	1	1	0	1	1	1	2
6			2	1	1	2	1	1	1	1	1
7			1	1	1	2	1	1	2	1	0
8			1	1	1	1	1	1	1	1	1
9			1	1	2	1	1	1	1	1	1
10			1	2	1	0	2	1	1	1	1
11			1	1	1	2	1	2	1	1	2
12			0	1	1	1	1	1	1	1	1

图4-2-2 参加家长会家长人数模拟仿真 (1)

	ALK	ALL	ALM	ALN	ALO	ALP	ALQ	ALR	ALS	ALT	ALU
387	0	1	2	1							
388	1	0	1	0							
389	2	1	2	1							
390	1	1	2	1							
391	1	1	1	1							
392	1	1	1	1							
393	1	0	1	1							
394	1	1	1	1							
395	1	2	1	1							
396	1	1	1	1							
397	1	1	2	1							
398	1	2	1	0							
399	1	1	2	1							
400	1	1	1	1							
401	1	1	1	0				=COUNTIF($C$402:$ALN$402,">450")			
402	455	429	435	432	=SUM(ALN2:ALN401)			132	0.132	=ALR402/1000	
403	315	313	321	326	=COUNTIF(ALN2:ALN401,1)			997	0.997	=ALR403/1000	
404					=COUNTIF(C403:ALN403,"<=340")						
405											

图4-2-3 参加家长会家长人数模拟仿真 (2)

由图 4 - 2 - 3 可知，每一个样本和大于 450 的样本数为 128，其频率为 0.128（128/1000），与理论值 0.1251 非常接近；每一个样本中取值为 1 的个数和不大于 340 的样本数为 994，其频率为 0.994（994/1000），跟理论值 0.9938 也非常接近.

（2）R 语言实现.

下面用 R 语言来实现家长会家长人数模拟，具体的代码及运行结果如下：

```
> data = matrix(sample(c(0,1,2),400000,c(0.05,0.8,0.15),replace = T),400,1000)
> s1 = apply(data,2,sum)
> length(which(s1 > 450))
[1] 97
> p1 = length(which(s1 > 450))/1000
> paste("参加会议的家长人数 X 超过 450 的概率:",p1)
[1] "参加会议的家长人数 X 超过 450 的概率: 0.097"
> s2 = 0
> for(i in 1:1000)
+ {
+     s2[i] = length(which(data[,i] == 1))
+ }
> length(which(s2 < = 340))
[1] 995
> p2 = length(which(s2 < = 340))/1000
> paste("参加会议的家长人数 X 超过 450 的概率:",p2)
[1] "参加会议的家长人数 X 超过 450 的概率: 0.995"
```

实验三　保险公司盈利问题

【实验目的】

（1）加深对中心极限定理的认识，对其背景和应用有直观的理解.

（2）了解 Excel 和 R 软件在模拟仿真中的应用.

【实验要求】

（1）掌握中心极限定理的理论知识.

（2）会用 Excel 和 R 软件计算样本的均值和方差．

【实验内容】

假设某保险公司有 10000 个同阶层的人参加人寿保险，每人每年付 12 元保险费，在一年内一个人死亡的概率为 0.006，被保险人死亡后其家属可向保险公司领得 1000 元．试问：保险公司平均支付给每户赔偿金 5.9 ~ 6.1 元的概率是多少？保险公司亏本的概率有多大？保险公司每年利润大于 40000 元的概率是多少？理论计算后，利用 Excel 进行模拟，观察实验与理论结果的差异．

【实验原理】

实验原理见本章的实验二的实验原理．

【实验过程】

设 X_i 表示保险公司支付给第 i 户的赔偿金，根据题意可以得到 X_i 的分布律：

X_i	0	1000
p	0.994	0.006

$$E(X_i) = 6, D(X_i) = 5964 (i = 1, 2, \cdots, 10000)$$

各 X_i（$i = 1$, 2, $\cdots$, 10000）之间相互独立，以 $\overline{X} = \dfrac{1}{10000} \sum\limits_{i=1}^{10000} X_i$ 表示保险公司平均对每户的赔偿金，则有：

$$E(\overline{X}) = 6, D(\overline{X}) = 0.5964$$

由中心极限定理可得：

$$\overline{X} \overset{\text{近似地}}{\sim} N(6, 0.5964)$$

于是：

$$P(5.9 < \overline{X} < 6.1) \approx \Phi\left(\frac{6.1 - 6}{\sqrt{0.5964}}\right) - \Phi\left(\frac{5.9 - 6}{\sqrt{0.5964}}\right)$$
$$= \Phi(0.1295) - \Phi(-0.1295)$$
$$= 0.103038$$

进一步有：

$$P(4.5 < \overline{X} < 7.5) \approx \Phi\left(\frac{7.5 - 6}{\sqrt{0.5964}}\right) - \Phi\left(\frac{4.5 - 6}{\sqrt{0.5964}}\right)$$

$$= 0.9479$$

虽然每一家的赔偿金差别很大，但保险公司平均对每户的支付计划约等于 6 元，在 4.5 ~ 7.5 元内的概率接近于 0.95，也就是说，有 95% 的可能性保险公司最多要赔偿 75000 元，相对于其收入 120000 元来说，保险公司还是赚了不少.

保险公司亏本的概率，也就是赔偿金大于 $10000 \times 12 = 1000 \times 120 = 120000$（元），即死亡人数大于 120 人的概率. 由于一年内死亡的人数服从二项分布，死亡的概率为 0.006. 以随机变量 Y 记一年内死亡的人数，则 $Y \sim B(10000, 0.006)$，$E(Y) = 6$，$D(Y) = 59.64$. 由棣莫弗—拉普拉斯定理可得：

$$P\{Y > 120\} = 1 - P\{Y \leqslant 120\} \approx 1 - \Phi\left(\frac{120 - 60}{\sqrt{59.64}}\right) = 1 - \Phi(7.77) = 0$$

保险公司每年利润大于 40000 元的概率，也就是赔偿金小于 80000 元（1000×80），即死亡人数小于 80 人的概率. 由棣莫弗—拉普拉斯定理可得：

$$P\{Y < 80\} \approx \Phi\left(\frac{80 - 60}{\sqrt{59.64}}\right) = \Phi(2.59) = 0.9952$$

这些都是理论值，下面利用软件进行模拟仿真.

（1）Excel 实现.

按照赔偿金的概率分布，利用随机数发生器工具，如图 4 - 3 - 1 所示，产生赔偿金的随机数 10000 个，结果如图 4 - 3 - 2 所示（部分截取，C 列应该有 10000 行），表示 10000 个投保人中拿到赔偿金的情况.

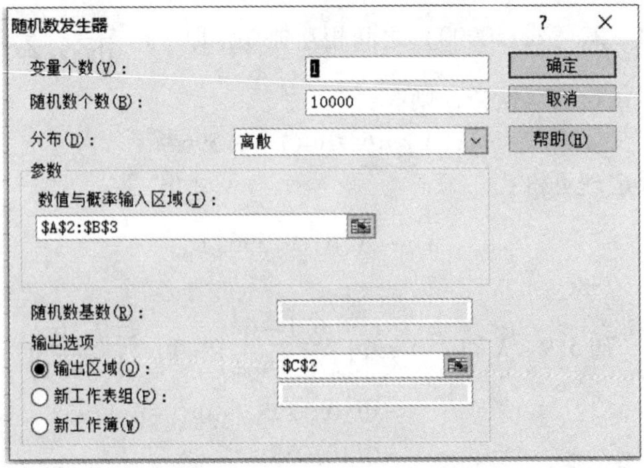

图 4 - 3 - 1　随机数发生器模拟投保人

	A	B	C	D	E	F	G	H
1	赔偿金取值	概率	赔偿金随机数		结果	公式说明		
2	0	0.994	0	赔偿金的均值	6.2	=AVERAGE(C2:C10001)		
3	1000	0.006	0	赔偿金的方差	6162.176218	=VAR.S(C2:C10001)		
4			0	死亡人数	62			
5			0					
6			0					

图 4 – 3 – 2　模拟 10000 个投保人向保险公司取得赔偿金

由图 4 – 3 – 2 可知，10000 个投保人中赔偿金的均值、方差都与理论值比较接近，而且死亡人数只有 62 人，这说明保险公司亏本的概率，也就是赔偿金大于 120000 元（死亡人数大于 120 人）的概率几乎为零，死亡人数小于 80 人的概率很大，几乎是必然的，读者可做多次进行验证.

（2）R 语言实现.

下面用 R 做保险的模拟，具体的代码及运行结果如下：

```
> low = 5.9
> up = 6.1
> n = 10000
> fee = 12
> p = 0.006
> fp = 1000
> Ex = fp * p
> Dx = fp * p * (1 - p)
> Exx = Ex
> Dxx = Dx/n
> p1 = pnorm((up-Exx)/sqrt(Dxx)) - pnorm((low - Exx)/sqrt(Dxx))
> p1
[1]0.9999577
```

可见，保险公司平均支付给每户赔偿金在 5.9 ~ 6.1 元内的概率接近于 1，几乎是必然的. 进一步计算保险公司亏本的概率 p2：

```
> yn = n * fee/fp
> m = n * p
> v = n * p * (1 - p)
> p2 = 1 - pnorm(yn, m, sqrt(v))
> p2
[1] 3.996803e - 15
> p2 = 1 - pnorm(90, m, sqrt(v))
```

> p2

[1]5. 123768e - 05

这说明，保险公司亏本的概率几乎等于零．甚至我们可以确定赢利低于 30000 元的概率几乎等于零（即赔偿人数大于 90 人的概率也几乎等于零）．如果保险公司每年的利润大于 40000 元，即赔偿人数小于 80 人，则：

> p2 = pnorm(80, m, sqrt(v))

> p2

[1]0. 995198

可见，保险公司每年利润大于 40000 元的概率接近 100%．

第五章　抽样分布

实验一　模拟抽样

【实验目的】

（1）理解样本的随机性.
（2）掌握抽样过程的具体步骤.
（3）了解 Excel 和 R 软件在模拟抽样中的应用.

【实验要求】

（1）理解抽样的概念.
（2）会用索引函数 INDEX( ).
（3）会用随机数取整函数 RANDBETWEEN( ).
（4）会用 R 语言 sample 函数进行抽样.

【实验内容】

假设一个总体由以下 10 个数组成：76、56、55、85、23、74、63、46、81、57，现从中随机抽取 5 个数，组成样本容量为 5 的样本.

【实验原理】

要从总体中随机抽取给定样本容量为 n 的样本，先用随机取整函数 RANDBETWEEN( ) 产生 n 个随机整数，然后用引用函数 INDEX( ) 抽取给定位置（抽样点）上的观察值.

【实验过程】

（1）Excel 实现．

由于总体所含的观察值个数为 10，因此需要使用随机取整函数 RAND-BETWEEN（1，10）生成范围在 1～10 的随机整数，一共产生 5 个抽样点，然后用引用函数 INDEX（）抽取给定位置（抽样点）上的观察值，实验过程如图 5-1-1 所示．

▲	A	B	C	D	E
1	总体		抽样点	样本	
2	76		2	56	
3	56		3	55	
4	55		3	55	
5	85		7	63	
6	23		8	46	
7	74				
8	63		=RANDBETWEEN(1, 10)		
9	46		=INDEX($A$2:$A$11, C6:C10)		
10	81				
11	57				

图 5-1-1　随机抽样

由图 5-1-1 可知，抽样点表示总体的第 2 个、第 3 个、第 3 个、第 7 个、第 8 个位置的观察值被抽到，也就是第 3 个位置被抽到两次，如果按住 F9，则产生不同的样本．

（2）R 语言实现．

在 R 语言中，可以用 sample 函数进行抽样，具体代码及运行结果如下：
> sample(c(76,56,55,85,23,74,63,46,81,57),5,replace = T)
[1]85　63　23　85　57

实验二　总体与抽样分布

【实验目的】

（1）理解抽样分布的概念．

（2）理解总体分布与抽样分布的关系．

【实验要求】

（1）运用不同的抽样方法产生样本．
（2）会用 Excel 和 R 语言抽样．
（3）会用 Excel 和 R 语言计算均值和方差．

【实验内容】

假设总体为 2、4、6，按照下列四种不同的抽样方式从中抽取容量为 2 的样本：
（1）重复抽样（考虑顺序）．
（2）重复抽样（不考虑顺序）．
（3）不重复抽样（考虑顺序）．
（4）不重复抽样（不考虑顺序）．

验证公式：$E(\bar{X}) = \mu$，$\sigma_{\bar{X}} = \sqrt{\dfrac{\sigma^2}{n}} = \dfrac{\sigma}{\sqrt{n}}$（重复抽样），$\sigma_{\bar{X}} = \sqrt{\dfrac{N-n}{N-1}\dfrac{\sigma^2}{n}}$（不重复抽样）．

【实验原理】

无论是重复抽样还是不重复抽样，样本均值的数学期望等于总体均值，即 $E(\bar{X}) = \mu$；但是样本均值的标准误与总体均值的标准差随着不同的抽样方式而不同，当重复抽样时，样本均值的标准误等于总体均值标准差的 $1/\sqrt{n}$ 倍，即 $\sigma_{\bar{X}} = \sqrt{\dfrac{\sigma^2}{n}} = \dfrac{\sigma}{\sqrt{n}}$；当不重复抽样时，$\sigma_{\bar{X}} = \sqrt{\dfrac{N-n}{N-1}\dfrac{\sigma^2}{n}}$，其中 μ 表示总体均值，σ 表示总体标准差，$E(\bar{X})$ 表示样本均值 $\bar{X}$ 的数学期望（均值），$\sigma_{\bar{X}}$ 表示样本均值 $\bar{X}$ 的方差，n 表示样本容量，N 表示总体容量，$\dfrac{N-n}{N-1}$ 表示有限总体修正系数．

【实验过程】

1. Excel 实现

（1）重复抽样（考虑顺序）．
实验过程如图 5 - 2 - 1 所示．

图 5 – 2 – 1　重复抽样且考虑顺序

由图 5 – 2 – 1 可知，$E(\overline{X}) = \mu = 4$，$\sigma_{\overline{X}} = \dfrac{\sigma}{\sqrt{n}} = 1.154701$.

（2）重复抽样（不考虑顺序）.

实验过程如图 5 – 2 – 2 所示.

图 5 – 2 – 2　重复抽样且不考虑顺序

由图 5 – 2 – 2 可知，$E(\overline{X}) = \mu = 4$，$\sigma_{\overline{X}} = \dfrac{\sigma}{\sqrt{n}} = 1.154701$.

（3）不重复抽样（考虑顺序）.

实验过程如图 5 – 2 – 3 所示.

图 5 – 2 – 3　不重复抽样且考虑顺序

由图 5 -2 -3 可知，$E(\overline{X})=\mu=4$，$\sigma_{\overline{X}}=\dfrac{\sigma}{\sqrt{n}}=0.8164966$.

(4) 不重复抽样（不考虑顺序）.

实验过程如图 5 -2 -4 所示.

	A	B	C	D	E	F
1	不重复抽样且不考虑顺序，验证公式： $E(\bar{X})=\mu$，$\sigma_{\bar{X}}=\sqrt{\left(\frac{N-n}{N-1}\right)\frac{\sigma^2}{n}}$					
2	总体		样本1	样本2	样本3	
3	2		2	2	4	
4	4		4	6	6	
5	6	项目				
6		每一样本出现的概率	=1/3	=1/3	=1/3	
7		样本均值$\bar{X}$	3	4	5	
8		样本均值的数学期望 $E(\bar{X})$	4	=AVERAGE(C7:E7)		
9		样本均值标准误$\sigma_{\bar{X}}$	0.8164966	=STDEV.P(C7:E7)		
10		总体均值 μ	4	=AVERAGE(A3:A5)		
11		总体标准差 σ	1.6329932	=STDEV.P(A3:A5)		
12		总体标准差的$\sqrt{N-n}/\sqrt{(N-1)n}$ 倍				
13		$\sigma_{\bar{X}}=\sqrt{\left(\frac{N-n}{N-1}\right)\frac{\sigma^2}{n}}$	0.8164966	=C11*SQRT((3-2)/((3-1)*2))		

图 5 -2 -4 不重复抽样且不考虑顺序

由图 5 -2 -4 可知，$E(\overline{X})=\mu=4$，$\sigma_{\overline{X}}=\dfrac{\sigma}{\sqrt{n}}=0.8164966$.

2. R 语言实现

通过 R 语言进行验证的具体代码及运行结果如下：

(1) 重复抽样（考虑顺序）.

```
> X = c(2,4,6)
> x = matrix(c(2,4,2,6,4,6,4,2,6,2,6,4,2,2,4,4,6,6),2,9)
> xbar = apply(x,2,mean)
> Exbar = mean(xbar)
> se = sqrt(sum((xbar - Exbar)^2)/length(xbar))
> se
[1]1.154701
> u = mean(X)
> SD = sqrt(sum((X - u)^2)/length(X))
> SD/sqrt(nrow(x))
[1] 1.154701
```

(2) 重复抽样（不考虑顺序）.

```
> X = c(2,4,6)
> x = matrix(c(2,4,2,6,4,6,2,2,4,4,6,6),2,6)
```

```
> xbar = apply( x,2,mean)
> p = c(2/9,2/9,2/9,1/9,1/9,1/9)
> Exbar = sum( p * xbar)
> se = sqrt( sum( ( xbar − Exbar)^2 * p) )
> se
[1]1. 154701
> u = mean( X)
> SD = sqrt( sum( ( X − u)^2)/length( X) )
> SD/sqrt( nrow( x) )
[1]1. 154701
```

（3）不重复抽样（考虑顺序）．

```
> X = c(2,4,6)
> x = matrix( c(2,4,2,6,4,6,4,2,6,2,6,4) ,2,6)
> xbar = apply( x,2,mean)
> Exbar = mean( xbar)
> se = sqrt( sum( ( xbar − Exbar)^2)/length( xbar) )
> se
[1]0. 8164966
> u = mean( X)
> SD = sqrt( sum( ( X − u)^2)/length( X) )
> SD * sqrt( ( length( X) − nrow( x) )/( ( length( X) −1) * nrow( x) ) )
[1]0. 8164966
```

（4）不重复抽样（不考虑顺序）．

```
> X = c(2,4,6)
> x = matrix( c(2,4,2,6,4,6) ,2,3)
> xbar = apply( x,2,mean)
> Exbar = mean( xbar)
> se = sqrt( sum( ( xbar − Exbar)^2)/length( xbar) )
> se
[1] 0. 8164966
> u = mean( X)
> SD = sqrt( sum( ( X − u)^2)/length( X) )
> SD * sqrt( ( length( X) − nrow( x) )/( ( length( X) −1) * nrow( x) ) )
[1]0. 8164966
```

第六章　参数估计

实验一　点估计

【实验目的】

（1）加深理解矩估计原理．
（2）加深理解极大似然估计原理．

【实验要求】

（1）会用 Excel 和 R 软件计算样本的均值．
（2）会用 Excel 和 R 软件计算修正样本方差．
（3）会用 Excel 和 R 软件计算样本方差．

【实验内容】

（1）随机地取 8 只活塞环，测得它们的直径为（以 mm 计）：

74.001　74.005　74.003　74.001　74.000　73.998　74.006　74.002

试求总体均值 μ 及方差 σ^2 的矩估计值，并求样本方差 s^2．

（2）设 X_1，X_2，$\cdots$，X_n 为来自 X 的样本，且 $X \sim \pi(\lambda)$，求 $P\{X=0\} = e^{-\lambda}$ 的极大似然估计值．

（3）某铁路局证实一个扳道员在五年内所引起的严重事故的次数服从泊松分布．求一个扳道员在五年内未引起严重事故的概率 p 的最大似然估计．使用下面 122 个观察值．表 6-1-1 中，r 表示一位扳道员五年中引起严重事故的次数，s 表示观察到的扳道员人数．

表 6 – 1 – 1		扳道员在五年内发生严重事故的次数			
r	0	1	2	3	4	5
s	44	42	21	9	4	2

【实验原理】

点估计的最常用的两种方法分别为矩估计法和最大似然估计法.

矩估计法是英国统计学家 K. 皮尔逊最早提出的，它是基于一种简单的"替换"思想建立起来的一种估计方法. 其基本思想是用样本矩估计总体矩，其理论依据为大数定律.

最大似然估计法是在总体类型已知条件下使用的一种参数估计方法. 它首先是由德国数学家高斯在 1821 年提出的. 然而，这个方法常归功于英国统计学家费歇. 费歇在 1922 年重新发现了这一方法，并首先研究了这种方法的一些性质. 其基本思想为随机试验的结果更可能来自概率最大的事件，也就是人们常说的概率最大原则. 根据这个原则，当总体参数未知时，用样本推断未知参数，总是试图寻找到能使抽样结果发生概率最大的参数作为未知参数的估计，这就是最大似然估计.

【实验过程】

1. 求解实验内容（1）

设总体 X 的均值 μ 及方差 σ^2 都存在，且有 $\sigma^2 > 0$，但 μ，σ^2 均为未知. 又设 X_1，X_2，$\cdots$，X_n 为来自 X 的样本. 可以证明 μ，σ^2 的矩估计量分别为 $\hat{\mu} = \overline{X}$，$\hat{\sigma}^2 = \dfrac{1}{n} \sum\limits_{i=1}^{n} (X_i - \overline{X})^2$，因此，只需要计算出样本均值和样本方差，我们称样本方差 $s_n^2 = \dfrac{1}{n} \sum\limits_{i=1}^{n} (x_i - \overline{x})^2$ 为总体方差 σ^2 的有偏估计（自由度为 n），称样本方差 $s^2 = \dfrac{1}{n-1} \sum\limits_{i=1}^{n} (x_i - \overline{x})^2$ 为总体方差 σ^2 的无偏估计（自由度为 $n-1$）.

（1）Excel 实现.

实验过程如图 6 – 1 – 1 所示.

	A	B	C	D
1	数据	选项	计算结果	公式
2	74.001	样本容量	8	已知
3	74.005	样本均值	74.002	=AVERAGE(A2:A9)
4	74.003	样本方差（有偏估计）	6E-06	=VAR.P(A2:A9)
5	74.001	样本方差（无偏估计）	6.85714E-06	=VAR.S(A2:A9)
6	74.000			
7	73.998			
8	74.006			
9	74.002			
10				

图 6 - 1 - 1　矩估计值的计算过程

由图 6 - 1 - 1 可得，$\hat{\mu} = 74.002$，$s_n^2 = 6 \times 10^{-6}$，$s^2 = 6.86 \times 10^{-6}$.

（2）R 语言实现.

R 语言中，计算样本均值和样本方差（无偏）可用 mean 函数和 var 函数实现，具体代码及运行结果如下：

> data = c(74.001, 74.005, 74.003, 74.001, 74.000, 73.998, 74.006, 74.002)

> mean(data)

[1] 74.002

> sum((data-mean(data))^2/length(data))

[1] 6e - 06

> var(data)

[1] 6.857143e - 06

2. 求解实验内容（2）

设 X_1，X_2，$\cdots$，X_n 为来自 X 的样本，且 $X \sim \pi(\lambda)$，则：

$$L(\lambda) = \prod_{i=1}^{n} P\{X_i = x_i\} = \prod_{i=1}^{n} \frac{\lambda^{x_i} e^{-\lambda}}{x_i!} = \frac{\lambda^{\sum\limits_{i=1}^{n} x_i} e^{-n\lambda}}{\prod\limits_{i=1}^{n} x_i!}$$

$$\ln L(\lambda) = \sum_{i=1}^{n} x_i \ln\lambda - n\lambda - \ln\prod_{i=1}^{n} x_i!$$

令 $\dfrac{\mathrm{d}\ln L(\lambda)}{\mathrm{d}\lambda} = 0$，得到 $\hat{\lambda} = \bar{x}$.

则 $P\{X = 0\} = e^{-\lambda}$ 的极大似然估计值为 $e^{-\bar{x}}$.

3. 求解实验内容（3）

本题求扳道员在五年内未引起严重事故的概率 p 的最大似然估计，就是求 $P\{X = 0\} = e^{-\lambda}$ 极大似然估计值，由第 2 小题知，即求 $e^{-\bar{x}}$，因此只需要先求出样本均值，然后计算指数.

（1）Excel 实现.

实验过程如图 6 - 1 - 2 所示.

	A	B	C	D
1	数据			
2	r	s	r*s	
3	0	44	0	
4	1	42	42	
5	2	21	42	
6	3	9	27	
7	4	4	16	
8	5	2	10	
9	合计	122	137	=SUM(C3:C8)
10	样本均值		1.1230	=C9/B9
11	极大似然估计值		0.3253	=EXP(-C10)

图 6 - 1 - 2　极大似然估计值的计算过程

由图 6 - 1 - 2 可知，扳道员在五年内未引起严重事故的概率 p 的最大似然估计值为 0.3253.

（2）R 语言实现.

R 语言实现极大似然估计值计算的代码及运行结果如下：

```
> r = 0:5
> s = c(44,42,21,9,4,2)
> sum(r * s)/sum(s)
[1] 1.122951
> exp( - sum(r * s)/sum(s))
[1] 0.3253184
```

【巩固练习】

一地质学家为研究密歇根湖湖滩地区的岩石成分，随机地自该地区取 100 个样品，每个样品有 10 块石子，记录了每个样品中属石灰石的石子数，假设这 100 次观察互相独立，并且由过去经验知，它们都服从参数为 $m = 10$，p 未知的二项分布，p 是这地区一块石子是石灰石的概率，求 p 的最大似然估计值，该地质学家所得的数据如表 6 - 1 - 2 所示.

表 6 - 1 - 2　　　100 个样品中属石灰石的石子数的分布情况

样品中属石灰石的石子数 i	0	1	2	3	4	5	6	7	8	9	10
观察到 i 块石灰石的样品个数	0	1	6	7	23	26	21	12	3	1	0

实验二 正态总体参数区间估计的模拟

【实验目的】

（1）加深对置信区间的理解.
（2）理解上 α 分位点的概念.

【实验要求】

（1）会用 Excel 和 R 语言计算正态分布的上 α 分位点.
（2）会用 Excel 和 R 语言计算 t 分布的上 α 分位点.
（3）会用 Excel 和 R 语言计算 χ^2 正态分布的上 α 分位点.
（4）会用 Excel 和 R 语言计算 F 分布的上 α 分位点.

【实验内容】

为深刻理解置信区间的含义，现产生随机数 $X \sim N(8, 1)$，样本容量为 9，这样的样本共 100 份，试求出 100 份样本中均值 μ 的置信水平为 0.95 的置信区间，并统计 100 个置信区间中大概有多少个区间包含真正均值 μ，即大概有多少个区间包含总体均值 8.

【实验原理】

区间估计（interval estimate）是在点估计的基础上给出总体参数估计的一个估计区间，该区间通常是由样本统计量加减估计误差（estimate error）而得到的. 与点估计不同，进行区间估计时，根据样本统计量的抽样分布，可以对统计量与总体参数的接近程度给出一个概率度量.

【实验过程】

（1）Excel 实现.

在单元格 B2 内输入" = = NORMINV（RAND（），8，1）"，产生服从正态分布 $N(8, 1)$ 的样本容量为 9 的随机样本共 100 份，如图 6 - 2 - 1 所示.

	A	B	C	D	E	F	G	H	I	J
1	样本序号	X_1	X_2	X_3	X_4	X_5	X_6	X_7	X_8	X_9
2	1	9.402521445	7.755763504	8.3252348	8.989705917	8.025731147	7.87640037	9.1338636	8.2801525	7.20089089
3	2	7.479659103	6.784990297	9.6463027	9.821035706	7.419701536	8.50020248	6.6187825	9.4839181	6.09467855
4	3	8.700100728	8.330649161	7.9011868	7.715578344	8.597394702	7.72708192	10.18991	7.3975298	7.34970124
5	4	=NORMINV(RAND(),8,1)	7.8315467	8.553116457	8.8321277	8.15453347	7.6622344	7.092276	9.05524415
6	5	28	8.0697313	8.391971529	7.118604503	07.05168844	7.4611224	8.2064835	8.18102188
7	6	8.980367656	7.19465855	8.4161563	9.224907292	8.200241751	7.54823043	8.7628489	9.3323558	9.37638049
8	7	8.326440782	10.29380738	8.4043055	7.744051672	8.374307234	9.34148647	6.7021842	6.8936248	8.6171021
9	8	6.363919391	9.458593143	8.1963259	7.548613595	10.1187869	6.20461626	9.2529449	9.05372	8.89633792
10	9	7.980561381	6.201525544	8.4223788	8.788559864	7.400525707	8.64757604	7.808398	7.7330294	7.69148102
11	10	7.608772967	9.312789703	8.2346729	9.013459582	8.010544756	7.07697264	10.064879	8.0524356	5.90165104
12	11	7.468641723	7.437024727	7.3529448	7.545732349	8.159624118	8.51497507	7.3579845	7.0691115	9.51173726
13	12	8.806869587	7.161341024	11.152022	6.546810932	8.389313985	8.29093966	8.159424	8.1177415	5.35397395
14	13	9.59652902	7.659657172	7.7615392	8.691999822	9.256400995	9.30782367	6.3045719	6.5081227	7.48229571
15	14	7.095975369	8.127968808	6.5225409	8.94379851	8.844116252	7.13547496	8.7144051	7.1574003	8.12108093
16	15	9.31260887	7.969802411	8.311457	7.097711232	8.629159341	8.48708472	10.532822	6.7494906	7.96195543
17	16	8.242877417	10.87168216	7.6101873	8.355083841	6.37323077	7.71639834	6.6026897	8.7618826	9.15012999
18	17	6.100201924	7.490985087	9.3174083	7.702779229	8.010544756	6.96476918	7.8401601	9.0809566	7.4292292
19	18	9.503061596	8.605683049	6.5377562	7.187263551	9.031950976	7.83145325	7.8939458	8.3348287	7.08332155
20	19	7.346464454	6.816785967	8.6559704	5.530524607	7.162711364	7.87865389	7.7867689	8.6590499	8.55898365
21	20	8.989135537	8.059807517	7.1605231	8.466034501	9.253725083	8.91526139	8.3429546	9.2796914	9.39191873
22	21	6.668694392	8.272895334	9.5366859	7.722114091	7.547478138	8.88986754	6.4538107	7.7685129	8.93658167
23	22	6.594409824	8.252184868	8.4087932	7.95512912	6.601100522	9.39279966	8.0007703	6.9229527	8.16354293
24	23	8.295071299	7.613642432	7.9946918	7.824814273	10.34662256	7.5181414	7.9966626	7.6795685	9.83246162
25	24	9.07991065	8.335674011	8.0488941	6.770893898	7.468730753	6.18992935	7.901878	9.3380439	6.99579736
26	25	6.892604868	7.412383793	7.7534388	9.020870714	7.621564076	8.33061991	6.976734	7.3739888	7.6971315

图 6-2-1   样本正态分布的随机样本

借助置信区间的公式 $\left(\overline{X} - \dfrac{\sigma}{\sqrt{n}} z_{\alpha/2},\ \overline{X} + \dfrac{\sigma}{\sqrt{n}} z_{\alpha/2} \right)$，计算出每一份样本的均值和相应的置信区间的上限和下限，如图 6-2-2 所示.

	K	L	M	N	O	P	Q	R	S
1	总体均值	$z_{\alpha/2}$	$\overline{X}+\dfrac{\sigma}{\sqrt{n}}z_{\alpha/2}$ 区间上限	$\overline{X}-\dfrac{\sigma}{\sqrt{n}}z_{\alpha/2}$ 区间下限	样本均值	逻辑函数			
2	8	1.959964	9.025204597	7.63930077	8.33225268	TRUE			
3	8	1.959964	8.676204241	7.29030042	7.98325233	TRUE	置信水平 $1-\alpha$		0.95
4	8	1.959964	8.79396665	7.40806283	8.10101474	TRUE			
5	8	1.959964	8.670380524	7.2844767	7.97742861	TRUE		个数	
6	8	1.959964	8.61393721	7.22803339	7.9209853	TRUE	包含总体均值8的置信区间	94	
7	8	=NORM.S.INV(1-(1-$R$3)/2)	7155	=O2-1/SQRT(8)*L2	8	TRUE	不包含总体均值8的置信区间	6	
8	8	8035			8	TRUE	总计	100	
9	8	1.959964	9.036713915	7.05061005	8.345762	TRUE			
10	8	1.959964	8.545621437	7.15971761	7.85266952	TRUE	=COUNTIF(P2:P101,TRUE)		
11	8	1.959964	=O2+1/SQRT(8)*L2	884564	8.14179755	TRUE			
12	8	1.959964		124542	7.82419733	TRUE			
13	8	1.959964	8.857244866	7.47134104	8.16429295	TRUE	=COUNTIF(P2:P101,FALSE)		
14	8	1.959964	8.755856372	7.36995255	8.06290446	TRUE			
15	8	1.959964	8.544369801	7.15846598	7.85141789	TRUE			
16	8	1.959964	9.032073183	7.64616936	8.33912127	TRUE			
17	8	1.959964	9.102303263	7.71639944	8.40935135	TRUE			
18	8	1.959964	8.379725059	6.99382123	7.68677315	TRUE			
19	8	1.959964	8.693981319	7.30807749	8.00102941	TRUE			
20	8	1.959964	8.292497827	6.906594	7.59954592	TRUE			
21	8	1.959964	9.144023255	7.75811943	8.45107134	TRUE			
22	8	1.959964	8.559245322	7.1733415	7.86629341	TRUE			
23	8	1.959964	8.480916708	7.09501288	7.7879648	TRUE			
24	8	1.959964	9.037582635	7.65167881	8.34463072	TRUE			
25	8	1.959964	8.485146583	7.09924276	7.79219467	TRUE			
26	8	1.959964	8.146211522	6.7603077	7.45325961	TRUE			

图 6-2-2   置信区间的计算过程

由图 6-2-2 可得，100 个置信区间包含总体均值 8 的置信区间有 94 个，不包含总体均值 8 的置信区间有 6 个，非常接近置信水平 0.95. 按住 F9 键，可能会产出不一样的置信区间，但是 100 个置信区间包含总体均值

8 的置信区间大约会在 95 个上下变动. 也可以通过做股价图动态显示置信区间的分布情况, 依次单击【插入】/【其他图表】/【股价图】, 选择【盘高 – 盘底 – 收盘图】, 得到图 6 – 2 – 3 所示结果.

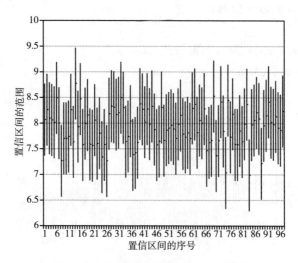

图 6 – 2 – 3　置信区间动态（Excel 图）

注: 图中横坐标表示 100 个置信区间出现的顺序, 例如 1 表示第 1 个置信区间, 纵坐标表示每一个置信区间的情况, 图中每一个线段都表示一个置信区间, 线段的长度表示置信区间的长度, 线段的最上端的纵坐标表示置信区间上限, 线段的最下端的纵坐标表示置信区间下限, 线段的中间点的纵坐标表示样本均值.

由图 6 – 2 – 3 可知, 本实验中总体均值为 8, 100 个线段中覆盖总体均值 8 的线段有 94 个, 不能覆盖 8 的线段有 6 个. 也就是说, 100 个置信区间中, 包含总体均值 8 的置信区间的个数与总的置信区间的个数的比非常接近置信水平 0.95.

（2）R 语言实现.

我们同样可以用 R 语言来作置信区间的动态图, 如图 6 – 2 – 4 所示, 具体代码及运行结果如下:

```
> m = matrix(rnorm(900,8,1),100,9)
> Mean = apply(m,1,mean)
> low = Mean – (1/sqrt(9)) * qnorm(0.975)
> up = Mean + (1/sqrt(9)) * qnorm(0.975)
> CIs = cbind(low,up)
> CIlow = apply(CIs,1,min)
> CIup = apply(CIs,1,max)
```

```
> CIs = data. frame( low = CIlow, up = CIup)
> plot(0, xlim = c(0,100), ylim = c( min( CIs) − 0.2, max( CIs) + 0.2),
type = " n" , xlab = " " , ylab = " " )
> for( i in 1 : nrow( CIs) )
+ {
+     lines( rep( i,2) ,c( CIs[ i,1] ,CIs[ i,2] ) )
+     points( i, Mean[ i] ,col = " green" ,cex = 0.5)
+ }
> abline( h = 8)
```

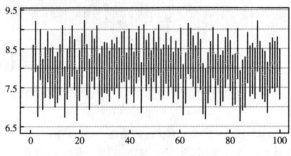

图 6 - 2 - 4　置信区间动态（R 语言图）

实验三　单个正态总体均值与方差的区间估计

【实验目的】

（1）加深对置信区间的理解.
（2）单个正态总体均值的置信区间.
（3）单个正态总体方差的置信区间.

【实验要求】

（1）会用 Excel 和 R 语言计算正态分布的上 α 分位点.
（2）会用 Excel 和 R 语言计算 t 分布的上 α 分位点.
（3）会用 Excel 和 R 语言计算 χ^2 正态分布的上 α 分位点.
（4）会用 Excel 和 R 语言计算 F 分布的上 α 分位点.

（5）会用 Excel 和 R 语言计算均值和方差.

【实验内容】

有一大批糖果，现从中随机地取 16 袋，称得重量（以克计）为：
506，508，499，503，504，510，497，512，514，505，493，496，506，
502，509，496.

（1）设袋装糖果的重量近似地服从正态分布，试求总体均值 μ 的置信水平为 0.95 的置信区间.

（2）求总体标准差 σ 的置信水平为 0.95 的置信区间.

【实验原理】

正态总体 $X \sim N(\mu, \sigma^2)$，参数为 μ，σ^2，而 X_1，X_2，$\cdots$，X_n 是来自总体 X 的简单随机样本，$\overline{X} = \dfrac{1}{n} \sum_{i=1}^{n} X_i$ 为样本均值，$S^2 = \dfrac{1}{n-1} \sum_{i=1}^{n} (X_i - \overline{X})^2$ 为修正样本方差. 考虑均值参数 μ 的区间估计和方差 σ^2 的参数估计，各分两种情形.

情形 1：设总体 $X \sim N(\mu, \sigma^2)$，方差 σ^2 已知，则对给定的 α（$0 < \alpha < 1$），总体均值 μ 的置信区间为 $1 - \alpha$ 的置信区间为：

$$\left(\overline{X} - \frac{\sigma}{\sqrt{n}} z_{\alpha/2}, \ \overline{X} + \frac{\sigma}{\sqrt{n}} z_{\alpha/2} \right)$$

情形 2：设总体 $X \sim N(\mu, \sigma^2)$，方差 σ^2 未知，则对给定的 α（$0 < \alpha < 1$），总体均值 μ 的置信区间为 $1 - \alpha$ 的置信区间为：

$$\left(\overline{X} - \frac{S}{\sqrt{n}} t_{\alpha/2}(n-1), \overline{X} + \frac{S}{\sqrt{n}} t_{\alpha/2}(n-1) \right)$$

情形 3：设总体 $X \sim N(\mu, \sigma^2)$，均值 μ 未知，因为 σ^2 的无偏估计量为 S^2，并且 $\dfrac{(n-1)S^2}{\sigma^2} \sim \chi^2(n-1)$，则对给定的 α（$0 < \alpha < 1$），总体均值 σ^2 的置信区间为 $1 - \alpha$ 的置信区间为：

$$\left(\frac{(n-1)S^2}{\chi_{\alpha/2}^2(n-1)}, \frac{(n-1)S^2}{\chi_{1-\alpha/2}^2(n-1)} \right)$$

情形 4：设总体 $X \sim N(\mu, \sigma^2)$，均值 μ 已知，因为 σ^2 的无偏估计量为 S^2，并且 $\dfrac{\sum_{i=1}^{n} (X_i - \mu)^2}{\sigma^2} \sim \chi^2(n)$，则对给定的 α（$0 < \alpha < 1$），总体均值 σ^2

的置信区间为 $1-\alpha$ 的置信区间为：

$$\left(\frac{\sum\limits_{i=1}^{n} (X_i - \mu)^2}{\chi_{\alpha/2}^2(n)}, \frac{\sum\limits_{i=1}^{n} (X_i - \mu)^2}{\chi_{1-\alpha/2}^2(n)} \right)$$

【实验过程】

1. 求总体均值的置信区间

（1）Excel 实现.

实验过程如图 6 - 3 - 1 所示.

	A	B	C	D	E
1	方差未知时 μ 的置信区间：$\left(\bar{X} \pm \dfrac{S}{\sqrt{n}} t_{\alpha/2}(n-1) \right)$				
2	序号	数据	选项	计算结果	公式说明
3	1	506	样本容量	16	已知
4	2	508	样本均值	503.75	=AVERAGE(B3:B18)
5	3	499	样本标准差	6.202150165	=STDEV(B3:B18)
6	4	503	置信度 $1-\alpha$	0.95	已知
7	5	504	分位数 $t_{\alpha/2}(n-1)$	2.131449546	=TINV(0.05,16-1)
8	6	510	置信上限	507.0548925	=D4+D5*D7/SQRT(D3)
9	7	497	置信下限	500.4451075	=D4-D5*D7/SQRT(D3)
10	8	512			
11	9	514			
12	10	505			
13	11	493			
14	12	496			
15	13	506			
16	14	502			
17	15	509			
18	16	496			

图 6 - 3 - 1　方差未知时均值的置信区间

由图 6 - 3 - 1 可得，总体均值 μ 的置信水平为 0.95 的置信区间为（500.45，507.05），这就是说估计袋装糖果的均值在 500.45 ~ 507.05 克之间，这个估计的可信程度为 95%. 若以此区间内任一值作为 μ 的近似值，其误差不大于 507.05 - 500.45 = 6.6（克）.

（2）R 语言实现.

在 R 语言中，可以直接用 t.test 函数计算方差未知时均值的置信区间，具体代码及运算结果如下：

```
> data = c(506,508,499,503,504,510,497,512,
+          514,505,493,496,506,502,509,496)
```

```
> t. test(data)
        One Sample t-test
```

data：data

$t = 324. 89$，$df = 15$，p-value $< 2. 2e - 16$

alternative hypothesis：true mean is not equal to 0

95 percent confidence interval：

　500. 4451　　507. 0549

sample estimates：

mean of x

　503. 75

2. 总体标准差的置信区间

（1）Excel 实现.

实验过程如图 6 - 3 - 2 所示.

	A	B	C	D	E
1			均值未知时，σ^2 的置信区间：	$\left(\sqrt{\dfrac{(n-1)S^2}{\chi^2_{a/2}(n-1)}},\sqrt{\dfrac{(n-1)S^2}{\chi^2_{1-a/2}(n-1)}}\right)$	
2	序号	数据	选项	计算结果	公式说明
3	1	506	样本容量	16	已知
4	2	508	样本方差	38. 46667	=VAR. S(B3:B18)
5	3	499	置信度 $1-\alpha$	0. 95	已知
6	4	503	分位数 $\chi^2_{1-a/2}(n-1)$	6. 262138	=CHIINV(1-0. 05/2, D3-1)
7	5	504	分位数 $\chi^2_{a/2}(n-1)$	27. 48839	=CHIINV(0. 05/2, D3-1)
8	6	510	置信上限	9. 599013	=SQRT(D23-1)*D24/D26
9	7	497	置信下限	4. 581558	=SQRT((D23-1)*D24/D27)
10	8	512			
11	9	514			
12	10	505			
13	11	493			
14	12	496			
15	13	506			
16	14	502			
17	15	509			
18	16	496			

图 6 - 3 - 2　均值未知时标准差的置信区间

由图 6 - 3 - 2 可得，总体标准差 σ 的置信水平为 0. 95 的置信区间为 （4. 58，9. 60），这就是说估计袋装糖果的标准差值在 4. 58 ~ 9. 60 克之间， 这个估计的可信程度为 95%. 若以此区间内任一值作为 σ 的近似值，其误 差不大于 9. 60 - 4. 58 = 5. 02 （克）.

（2）R 语言实现.

由于 R 语言中没有现成的求均值未知时标准差置信区间的公式，我们 可以自己在 R 语言中编写函数，用以快速求出置信区间，具体代码及运行 结果如下：

```
> data = c(506,508,499,503,504,510,497,512,
+           514,505,493,496,506,502,509,496)
> var. conf. int = function(x,alpha)
+    {
+       n = length(x)
+       s = var(x)
+       df = n − 1
+       c(sqrt(df * s/qchisq(1 − alpha/2,df)),sqrt(df * s/qchisq(alpha/2,df)))
+    }
> var. conf. int(data,0. 05)
【1】4. 581558 9. 599013
```

【巩固练习】

为研究某汽车轮胎的磨损特性，随机地选择 16 只轮胎，每只轮胎行驶到磨坏为止，记录所行使的路程（以公里计）为：41250，40187，43175，41010，39265，41872，42654，41287，38970，40200，42550，41095，40680，43500，39775，40400. 假设这些数据来自正态总体 $N(\mu, \sigma^2)$，其中 σ^2 未知，试求 μ 的置信水平为 0. 95 的单侧置信下限.

实验四 两个正态总体均值差与方差比的区间估计

【实验目的】

（1）加深对置信区间的理解.
（2）两个正态总体均值差的置信区间.
（3）两个正态总体方差比的置信区间.

【实验要求】

（1）会用 Excel 和 R 语言计算正态分布的上 α 分位点.
（2）会用 Excel 和 R 语言计算 t 分布的上 α 分位点.

（3）会用 Excel 和 R 语言计算 χ^2 正态分布的上 α 分位点.

（4）会用 Excel 和 R 语言计算 F 分布的上 α 分位点.

（5）会用 Excel 和 R 语言计算均值和方差.

【实验内容】

设从 A 批导线中随机抽取 4 根导线，又从 B 批导线中随机抽取 5 根导线，测得电阻如表 6 – 4 – 1 所示. 设测得的导线电阻值服从正态分布，两个样本相互独立，$\sigma_1^2 = \sigma_2^2$ 且未知.

表 6 – 4 – 1		导线的电阻		单位：Ω
A 批导线	0.143	0.142	0.143	0.137	
B 批导线	0.138	0.140	0.134	0.138	0.142

（1）试求两总体均值差的置信度为 $1 - \alpha$ 的置信区间.

（2）求 σ_1^2 / σ_2^2 的置信水平为 0.95 的置信区间.

【实验原理】

在实际中常遇到下面的问题：已知产品的某一质量指标服从正态分布，但由于原料、设备条件、操作人员不同，或工艺过程的改变等因素，引起总体均值、总体方差有所改变. 我们需要知道这些变化有多大，这就需要考虑两个正态总体均值差或方差比的估计问题.

设 X_1，X_2，$\cdots$，X_{n_1} 与 Y_1，Y_2，$\cdots$，Y_{n_2} 是分别来自正态总体 $N(\mu_1$，$\sigma_1^2)$ 和 $N(\mu_2$，$\sigma_2^2)$ 的样本，且这两个样本相互独立. 设 $\overline{X} = \dfrac{1}{n_1} \sum\limits_{i=1}^{n_1} X_i$，$\overline{Y} = \dfrac{1}{n_2} \sum\limits_{i=1}^{n_2} Y_i$ 分别是这两个样本的均值；$S_1^2 = \dfrac{1}{n_1 - 1} \sum\limits_{i=1}^{n_1} (X_i - \overline{X})^2$，$S_2^2 = \dfrac{1}{n_2 - 1} \sum\limits_{i=1}^{n_2} (Y_i - \overline{Y})^2$ 分别是这两个样本的样本方差.

情形 1：当 σ_1^2，σ_2^2 已知时，总体均值差 $\mu_1 - \mu_2$ 的置信度为 $1 - \alpha$ 的置信区间为：

$$\left(\overline{X} - \overline{Y} \pm Z_{\alpha/2} \sqrt{\frac{\sigma_1^2}{n_1} + \frac{\sigma_2^2}{n_2}} \right)$$

情形 2：当 $\sigma_1^2 = \sigma_2^2 = \sigma^2$ 未知时，总体均值差 $\mu_1 - \mu_2$ 的置信度为 $1 - \alpha$

的置信区间为：

$$\left(\overline{X} - \overline{Y} \pm t_{\alpha/2}(n_1 + n_2 - 2) S_w \sqrt{\frac{1}{n_1} + \frac{1}{n_2}} \right)$$

其中，$S_w^2 = \dfrac{(n_1 - 1) S_1^2 + (n_2 - 1) S_2^2}{n_1 + n_2 - 2}$.

情形 3：当 $\sigma_1^2 \neq \sigma_2^2$ 未知时，总体均值差 $\mu_1 - \mu_2$ 的置信度为 $1 - \alpha$ 的置信区间为：

$$\left(\overline{X} - \overline{Y} \pm t_{\alpha/2}(\nu) \sqrt{\frac{S_1^2}{n_1} + \frac{S_2^2}{n_2}} \right)$$

其中，$\nu = \dfrac{\left(S_1^2/n_1 + S_2^2/n_2 \right)^2}{\dfrac{\left(S_1^2/n_1 \right)^2}{n_1 - 1} + \dfrac{\left(S_2^2/n_2 \right)^2}{n_2 - 1}}$.

情形 4：当 μ_1，μ_2 未知时，总体方差比 $\dfrac{\sigma_1^2}{\sigma_2^2}$ 的置信度为 $1 - \alpha$ 的置信区间为：

$$\left(\frac{S_1^2}{S_2^2} \frac{1}{F_{\alpha/2}(n_1 - 1, n_2 - 1)}, \frac{S_1^2}{S_2^2} \frac{1}{F_{1-\alpha/2}(n_1 - 1, n_2 - 1)} \right)$$

【实验过程】

1. 求均值差的置信区间

（1）Excel 实现.

实验过程如图 6 - 4 - 1 所示.

	A	B	C	D	E	F	G
1				当 $\sigma_1^2 = \sigma_2^2 = \sigma^2$ 且未知时，均值差 $\mu_1 - \mu_2$ 的置信水平为 $1 - \alpha$ 置信区间为 $\left(\overline{X} - \overline{Y} \pm t_{\alpha/2}(n_1 + n_2 - 2) S_w \sqrt{\frac{1}{n_1} + \frac{1}{n_2}} \right)$			
2	A批导线	B批导线		选项	计算结果	公式说明	
3	0.143	0.138		样本1容量 n_1	4	已知	
4	0.142	0.14		样本2容量 n_2	5	已知	
5	0.143	0.134		样本1均值 $\overline{x}$	0.141250	=AVERAGE(A3:A6)	
6	0.137	0.138		样本2均值 $\overline{y}$	0.138400	=AVERAGE(B3:B7)	
7		0.142		样本1方差 s_1^2	0.000008	=VAR.S(A3:A6)	
8				样本2方差 s_2^2	0.000009	=VAR.S(B3:B7)	
9				合并标准差 s_w	0.00292648	=SQRT(((E3-1)*E7+(E4-1)*E8)/(E3+E4-2))	
10				置信度 $1-\alpha$	0.95	已知	
11				分位数 $t_{\alpha/2}(n_1+n_2-2)$	2.36462425	=T.INV.2T(0.05,E3+E4-2)	
12				置信下限	-0.0017921	=E5-E6-E11*E9*SQRT(1/E3+1/E4)	
13				置信上限	0.00749209	=E5-E6+E11*E9*SQRT(1/E3+1/E4)	
14							

图 6 - 4 - 1　两批导线电阻值均值差的置信区间

由图 6 - 4 - 1 可知，两总体均值差的置信度为 $1 - \alpha$ 的置信区间为 $(- 0.0018，0.0075)$，由于该区间包含零，在实际中我们就认为这两批导线的电阻值的均值没有显著差异.

（2）R 语言实现.

R 语言中，仍然可以用 t. test 函数求方差相等时两总体均值差的置信区间，只要参数 var. equal 设置为 TURE 即可，具体代码及运行结果如下：

> A = c(0. 143,0. 142,0. 143,0. 137)

> B = c(0. 138,0. 14,0. 134,0. 138,0. 142)

> t. test (A,B,var. equal = T)

　　　　Two Sample t-test

data：　A and B

t = 1. 4518，df = 7，p-value = 0. 1899

alternative hypothesis：true difference in means is not equal to 0

95 percent confidence interval：

 - 0. 001792094　0. 007492094

sample estimates：

mean of x mean of y

　 0. 14125　　0. 13840

2. 求 σ_1^2/σ_2^2 的置信区间

（1）Excel 实现.

实验过程如图 6 - 4 - 2 所示.

	A	B		D	E	F
1				当 μ_1,μ_2 未知时，方差比 σ_1^2/σ_2^2 的置信水平为 $1-\alpha$ 的置信区间为 $\left(\dfrac{S_1^2}{S_2^2} \dfrac{1}{F_{\alpha/2}(n_1-1,n_2-1)}，\dfrac{S_1^2}{S_2^2} \dfrac{1}{F_{1-\alpha/2}(n_1-1,n_2-1)} \right)$		
2	A批导线	B批导线		选项	计算结果	公式说明
3	0. 143	0. 138		样本1容量 n_1	4	已知
4	0. 142	0. 14		样本2容量 n_2	5	已知
5	0. 143	0. 134		样本1方差 s_1^2	0. 000008	=VAR. S(A3:A6)
6	0. 137	0. 138		样本2方差 s_2^2	0. 000009	=VAR. S(B3:B7)
7		0. 142		置信度 $1-\alpha$	0. 95	已知
8				分位数 $F_{\alpha/2}(n_1-1,n_2-1)$	9. 979199	=F. INV. RT((1-E7)/2,E3-1,E4-1)
9				分位数 $F_{1-\alpha/2}(n_1-1,n_2-1)$	0. 0662209	=F. INV((1-E7)/2,E3-1,E4-1)
10				置信下限	0. 0939454	=(E5/E6)*(1/E8)
11				置信上限	14. 157168	=(E5/E6)*(1/E9)

图 6 - 4 - 2　两批导线电阻值方差比的置信区间

由图 6 - 4 - 2 可知，两总体方差比的置信度为 $1 - \alpha$ 的置信区间为

（ -0.0939 ，14. 1572），由于该区间包含 1，在实际中我们就认为这两批导线的电阻值的方差比没有显著差异.

（2）R 语言实现.

在 R 语言中，可用 var. test 函数求 σ_1^2/σ_2^2 的置信区间，具体代码及运行结果如下：

```
> var. test( A, B)
```

F test to compare two variances

data： A and B
F = 0. 9375，num df = 3，denom df = 4，p-value = 0. 9978
alternative hypothesis： true ratio of variances is not equal to 1
95 percent confidence interval：
 0. 09394542　14. 15716775
sample estimates：
ratio of variances
　　　　 0. 9375

第七章 假设检验

实验一 单个正态总体均值的假设检验

【实验目的】

（1）加深对假设检验的基本思想的理解．

（2）学会针对实际问题提出原假设和备择假设，并根据检验结果作出判断．

【实验要求】

（1）会用 Excel 和 R 语言求常用分布的临界值．

（2）会用 Excel 和 R 语言求常用分布的 p 值．

（3）根据软件输出结果，进行合理的统计解释．

【实验内容】

为测定某种药物对人的血压有无影响，测定了 10 名试验者在服此药前后的血压，得血压差值的数据为：6，8，4，6，-3，7，2，6，-2，-1．设服此药前后的血压差值服此从正态分布 $N(\mu,\ \sigma^2)$，问：

（1）若已知 $\sigma^2 = 7$，取 $\alpha = 0.05$，能否认为该药物能够改变人的血压？

（2）若 σ^2 未知，取 $\alpha = 0.05$，能否认为该药物能够改变人的血压？

【实验原理】

假设检验的基本思想如图 $7-1-1$ 所示．

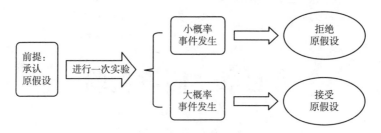

图 7 - 1 - 1   假设检验基本思想

由图 7 - 1 - 1 可知，假设检验的基本依据是小概率原理，但是小概率原理告诉我们，小概率事件在一次试验中几乎是不会发生的，这意味着小概率事件也有可能发生，因此，假设检验可能会犯两类错误．第一类错误为弃真错误（原假设是真，但是被拒绝），其概率通常记为 α（显著水平），即 $P\{$当 H_0 为真时拒绝 $H_0\} = \alpha$，α 通常取 0.05、0.01、0.001；第二类错误为取伪错误（原假设是假的，但是没有被拒绝），其概率通常记为 β，即 $P\{$当 H_0 为假时接受 $H_0\} = \beta$．只控制第一类错误的假设检验又称为显著性检验，通常的假设检验指的是控制第一类错误的假设检验．假设检验需要建立检验统计量，常用的检验统计量有 Z 统计量（正态分布）、t 统计量（t 分布）、χ^2 统计量（卡方分布）、F 统计量（F 分布）．假设检验过程中是否要拒绝原假设，一般有临界值法或 p 值法．所谓临界值法，就是统计量的样本观察值与临界值比较，当检验统计量取某个区域 C 中的值时，我们拒绝原假设，则称区域 C 为拒绝域，拒绝域的边界点为临界点或临界值，临界值一般可以通过查表可得，或者根据给定显著水平 α 和具体分布，利用 Excel 软件或者其他软件计算的上 α 分位点或下 α 分位点，本书都采用上 α 分位点，以右边检验为例，如果统计量的观察值大于临界值，即统计量的观察值落入拒绝域，则拒绝原假设，因为统计量的观察值落入拒绝域是小概率事件，小概率事件一般认为几乎是不可能发生，但是这件事情却已经发生了，我们就有理由怀疑原假设是不对的，否则不能拒绝原假设．所谓 p 值法，就是 p 值与给定的显著水平 α 比较，p 值（probability value）就是由检验统计量的样本观察值得出的原假设可被拒绝的最小显著性水平，即 p 值是指在假设原假设 H_0 为真时，随机变量出现该样本值或比该样本值更极端值的概率．如果 p 值小于给定的显著水平 α，则拒绝原假设，因为 p 值小于给定的显著水平 α 时，我们就有理由认为出现当前的样本是小概率事件，而小概率事件一般认为几乎是不可能发生，但是样本已经出现了，意味着小概率事件已经发生了，于是我们就有理由怀疑原假设是不对的，因此拒绝原假设．

在对总体均值进行检验时，采用什么检验统计量取决于所抽取的样本是大样本（≥30）还是小样本（<30），此外还需要考虑总体是否服从正态分布、总体方差 σ^2 是否已知等几种情况.

1. 大样本的检验

在大样本情况下，检验时，不管总体是否服从正态分布，其样本均值的抽样分布都近似服从正态分布，其抽样标准差为 $\sigma/\sqrt{n}$. 样本均值 $\overline{X}$ 标准化后服从标准正态分布，因而采用正态分布的检验统计量. 设假设的总体均值为 μ_0.

当总体方差 σ^2 已知时，总体均值检验的统计量为：

$$Z = \frac{\overline{X} - \mu_0}{\sigma/\sqrt{n}}$$

当总体方差 σ^2 未知时，可以用样本方差 S^2 来代替，此时总体均值检验的统计量为：

$$Z = \frac{\overline{X} - \mu_0}{S/\sqrt{n}}$$

由于是大样本，我们可以认为 $Z = \dfrac{\overline{X} - \mu_0}{S/\sqrt{n}}$ 服从标准正态分布，因此也是采用 Z 检验.

2. 小样本的检验

在小样本（<30）情形下，检验时需要假定总体服从正态分布. 检验统计量的选择与总体方差是否已知有关.

当总体方差 σ^2 已知时：即使在小样本情况下，样本均值经标准化仍然服从标准正态分布，选择的检验统计量仍然为 $Z = \dfrac{\overline{X} - \mu_0}{\sigma/\sqrt{n}}$.

当总体方差 σ^2 未知时：需要用样本方差 S^2 来代替，此时检验统计量 $t = \dfrac{\overline{X} - \mu_0}{S/\sqrt{n}}$ 不再服从标准正态分布，而是服从自由度为 $n-1$ 的 t 分布，因此需要采用 t 分布进行检验，通常称为"t 检验". 总体均值检验的统计量为 $t = \dfrac{\overline{X} - \mu_0}{S/\sqrt{n}}$.

表 7-1-1 给出了在显著性水平为 α 下，单个正态总体均值和方差检验的拒绝域和 p 值的具体形式.

表 7 – 1 – 1   单个正态总体的均值检验

方差	原假设 H_0	检验统计量	样本观测值	备择假设 H_1	拒绝域	p 值
σ^2 已知	$\mu \leq \mu_0$ $\mu \geq \mu_0$ $\mu = \mu_0$	$Z = \dfrac{\overline{X} - \mu_0}{\sigma/\sqrt{n}}$	$z_0 = \dfrac{\overline{x} - \mu_0}{\sigma/\sqrt{n}}$	$\mu > \mu_0$ $\mu < \mu_0$ $\mu \neq \mu_0$	$z \geq z_\alpha$ $z \leq -z_\alpha$ $\lvert z \rvert \geq z_{\alpha/2}$	$P(Z \geq z_0)$ $P(Z < z_0)$ $2P(Z > \lvert z_0 \rvert)$
σ^2 未知	$\mu \leq \mu_0$ $\mu \geq \mu_0$ $\mu = \mu_0$	$t = \dfrac{\overline{X} - \mu_0}{S/\sqrt{n}}$	$t_0 = \dfrac{\overline{x} - \mu_0}{s/\sqrt{n}}$	$\mu > \mu_0$ $\mu < \mu_0$ $\mu \neq \mu_0$	$t \geq t_\alpha(n-1)$ $t \leq -t_\alpha(n-1)$ $\lvert t \rvert \geq t_{\alpha/2}(n-1)$	$P(t > t_0)$ $P(t < t_0)$ $2P(t > \lvert t_0 \rvert)$

本题不论 σ^2 是否已知，待检验的假设都是：
$$H_0:\ \mu = 0,\ H_1:\ \mu \neq 0$$
其中 H_0 表示服药前后的血压差的均值为零，即假设该药物对血压无影响.

由表 7 – 1 – 1 可知，当 H_0 为真，σ^2 已知时，检验统计量为 $Z = \dfrac{\overline{X} - \mu_0}{\sigma/\sqrt{n}}$，拒绝域为 $\lvert z \rvert \geq z_{\alpha/2}$，$p$ 值 $= 2P(Z > \lvert z_0 \rvert)$；当 H_0 为真，σ^2 未知时，检验统计量为 $t = \dfrac{\overline{X} - \mu_0}{S/\sqrt{n}}$，拒绝域为 $\lvert t_0 \rvert \geq t_{\alpha/2}(n-1)$，$p$ 值 $= 2P(t > \lvert t_0 \rvert)$.

【实验过程】

1. σ^2 已知时，均值的假设检验

（1）Excel 实现.

当 $\sigma^2 = 7$ 已知，均值的假设检验如图 7 – 1 – 2 所示.

	A	B	C	D	E	F	G
1	血压差值		当 σ^2 已知时，均值的假设检验				
2	6						
3	8		项目	计算结果	公式说明		
4	4		显著性水平 α	0.05	已知		
5	6		样本均值 $\overline{x}$	3.3	=AVERAGE(A2:A11)		
6	-3		总体均值 μ_0	0	已知		
7	7		样本容量 n	10	已知		
8	2		总体标准差 σ	2.645751311	=SQRT(7)		
9	6		统计量 $\lvert z_0 \rvert$	3.944254411	=ABS((D5-D6)/(D8/SQRT(D7)))		
10	-2		临界值 $z_{\alpha/2}$	1.959963985	=NORM. S. INV(1-D4/2)		
11	-1		P值	8.00486E-05	=2*(1-NORM. S. DIST(D9, 1))		

图 7 – 1 – 2 方差已知时，均值的假设检验

由图 $7-1-2$ 可得, 由于统计量 $|z_0|=3.9443>z_{\alpha/2}=1.96$, 故拒绝 H_0, 即认为该药物对血压有影响. 如果采用 p 值法也可以得到同样的结论, 因为 p 值 $=2P(Z>|z_0|)=8.00486\text{E}-05<\alpha=0.05$, 故拒绝 H_0, 即认为该药物对血压有影响.

（2）R 语言实现.

在 R 语言中, 方差已知时的均值检验可用 z. test 函数, 注意使用该函数需先加载 "BSDA" 包, 具体的代码以及运行结果以下:

```
> library(BSDA)
> d = c(6,8,4,6,-3,7,2,6,-2,-1)
> z. test(d,sigma. x = sqrt(7))
        One-sample z-Test

data： d
z = 3. 9443, p-value = 8. 005e -05
alternative hypothesis：true mean is not equal to 0
95 percent confidence interval：
1. 660176   4. 939824
sample estimates：
mean of x
    3. 3
```

2. σ^2 未知时, 均值的假设检验

（1）Excel 实现.

当 σ^2 未知时, 单个正态总体均值的假设检验如图 $7-1-3$ 所示.

	A	B	C	D	E
1	血压差值				
2	6				
3	8		项目	计算结果	公式
4	4		显著性水平 α	0.05	已知
5	6		样本均值 $\overline{x}$	3.3	=AVERAGE(A2:A11)
6	-3		总体均值 μ_0	0	已知
7	7		样本容量 n	10	已知
8	2		样本标准差 S	4.029061	=STDEV.S(A2:A11)
9	6		统计量 $|t_0|$	2.590062	=ABS((D5-D6)/(D8/SQRT(D7)))
10	-2		临界值 $t_{\alpha/2}(n-1)$	2.262157	=T.INV.2T(D4,D7-1)
11	-1		P值	0.029211	=T.DIST.2T(D9,D7-1)
12					

图 $7-1-3$　方差未知时, 单个正态总体均值的假设检验

如图 $7-1-3$ 所示, 由于统计量 $|t_0|=2.5901>t_{\alpha/2}(n-1)=2.2622$,

故拒绝 H_0，即认为该药物对血压有影响．如果采用 p 值法也可以得到同样的结论，因为 p 值 $= 2P(t > |t_0|) = 0.0292 < \alpha = 0.05$，故拒绝 H_0，即认为该药物对血压有影响．

（2）R 语言实现．

在 R 语言中，t. test 不仅可以用来求置信区间，还可用来做单个正态总体均值的假设检验，具体代码及运行结果如下：

```
> d = c(6,8,4,6, -3,7,2,6, -2, -1)
> t. test( d)
        One Sample t-test
data： d
t = 2. 5901, df = 9, p-value = 0. 02921
alternative hypothesis： true mean is not equal to 0
95 percent confidence interval：
 0. 4177833   6. 1822167
sample estimates：
mean of x
        3. 3
```

【巩固练习】

（1）如果一个矩形的宽度 w 与长度 l 的比 $w/l = \dfrac{1}{2}(\sqrt{5} - 1) \approx 0.618$，这样的矩形称为黄金矩形，这种尺寸的矩形让人们看上去有良好的感觉，现代的建筑构件（如窗架）、工艺品（如图片镜框）、司机的驾照、商业的信用卡等常常都是采用黄金矩形．某工艺品工厂随机抽取的 20 个矩形的宽度与长度的比值为：0. 693, 0. 749, 0. 654, 0. 670, 0. 662, 0. 672, 0. 615, 0. 606, 0. 690, 0. 628, 0. 668, 0. 611, 0. 606, 0. 609, 0. 601, 0. 553, 0. 570, 0. 884, 0. 576, 0. 933.

假设这一工厂生产的矩形的宽度与长度的比值总体服从正态分布，其均值为 μ，方差为 σ^2，μ 和 σ^2 均未知，试检验假设（取 $\alpha = 0.05$）：
$$H_0： \mu = 0.618, \quad H_1： \mu \neq 0.618$$

（2）某工厂随机选取 20 只部件的装配时间（分钟）为：9. 8, 10. 4, 10. 6, 9. 6, 9. 7, 9. 9, 10. 9, 11. 1, 9. 6, 10. 2, 10. 3, 9. 6, 9. 9, 11. 2, 10. 6, 9. 8, 10. 5, 10. 1, 10. 5, 9. 7.

设装配时间的总体服从正态分布 $N(\mu, \sigma^2)$，μ 和 σ^2 均未知．是否可以认为装配时间的均值 μ 显著大于 10（取 $\alpha = 0.05$）？

实验二　两个正态总体均值之差的假设检验

【实验目的】

（1）加深对假设检验的基本思想和方法的理解.

（2）加深理解两个独立的正态总体和两个配对的正态总体均值差检验的区别.

（3）学会针对实际问题提出原假设和备择假设，并根据检验结果作出判断.

【实验要求】

（1）会用 Excel 和 R 语言求常用分布的临界值.

（2）会用 Excel 和 R 语言求常用分布的 p 值.

（3）根据软件输出结果，会进行合理的统计解释.

【实验内容】

（1）用两种方法（A 和 B）测定冰自 $-0.72℃$ 转变为 $0℃$ 的水的融化热（以 cal/g 计）. 测得的数据如表 $7-2-1$ 所示.

表 $7-2-1$　　　　　两种方法测得的水的融化热　　　　　单位：cal/g

方法	测试结果						
方法 A	79.98	80.04	80.02	80.04	80.03	80.03	
	80.04	79.97	80.05	80.03	80.02	80.00	80.02
方法 B	80.02	79.94	79.98	79.97	79.97	80.03	79.95	79.97

设两个样本相互独立，且分别来自正态总体 $N(\mu_1, \sigma^2)$ 和 $N(\mu_2, \sigma^2)$，μ_1、μ_2、σ^2 均未知. 试检验假设（取显著性水平 $\alpha = 0.05$）：

$$H_0: \mu_1 - \mu_2 \leqslant 0,\ H_1: \mu_1 - \mu_2 > 0.$$

（2）有两台光谱仪 I_x 和 I_y，用来测量材料中某种金属的含量，为鉴定它们的测量结果有无显著的差异，制备了 9 件试块（它们的成分、金属含量、均匀性等均各不相同），现在分别用这两台仪器对每一试块测量一次，得到 9 对观察值如表 7 - 2 - 2 所示．

表 7 - 2 - 2　　　　　两台仪器对 9 对试块测得的某种金属的含量　　　单位：%

仪器	测量结果								
x	0.20	0.30	0.40	0.50	0.60	0.70	0.80	0.90	1.00
y	0.10	0.21	0.52	0.32	0.78	0.59	0.68	0.77	0.89
$d = x - y$	0.10	0.09	-0.12	0.18	-0.18	0.11	0.12	0.13	0.11

问：能否认为这两台仪器的测量结果有显著的差异（取 $\alpha = 0.01$）？

【实验原理】

根据样本获得方式的不同，两个总体均值差的检验分为独立样本检验和配对样本检验两种情形，而且也有大样本与小样本之分．检验的统计量是以两个样本之差 $\overline{X} - \overline{Y}$ 的抽样分布为基础构造出来的．对于大样本和小样本两种情形，由于两个样本均值之差经标准化后的分布不同，检验的统计量也略有差异．

1. 独立大样本的检验

在大样本情况下，两个样本均值之差 $\overline{X} - \overline{Y}$ 的抽样分布近似服从正态分布，而 $\overline{X} - \overline{Y}$ 经过标准化后则服从标准正态分布．如果两个总体的方差 σ_1^2 和 σ_2^2 已知，采用下面的统计量：

$$Z = \frac{(\overline{X} - \overline{Y}) - (\mu_1 - \mu_2)}{\sqrt{\dfrac{\sigma_1^2}{n_1} + \dfrac{\sigma_2^2}{n_2}}}$$

如果两个总体方差 σ_1^2 和 σ_2^2 未知，可分别用样本方差 S_1^2 和 S_2^2 替代，此时检验统计量为：

$$Z = \frac{(\overline{X} - \overline{Y}) - (\mu_1 - \mu_2)}{\sqrt{\dfrac{S_1^2}{n_1} + \dfrac{S_2^2}{n_2}}}$$

由于此时为大样本情形，可以认为统计量 $Z = \dfrac{(\overline{X} - \overline{Y}) - (\mu_1 - \mu_2)}{\sqrt{\dfrac{S_1^2}{n_1} + \dfrac{S_2^2}{n_2}}}$ 服从标准

正态分布．

2. 独立小样本的检验

当两个样本都为独立小样本时，需要假定两个总体都服从正态分布．检验时有以下三种情形．

（1）两个总体的方差 σ_1^2 和 σ_2^2 已知，采用统计量 $Z = \dfrac{(\bar{X} - \bar{Y}) - (\mu_1 - \mu_2)}{\sqrt{\dfrac{\sigma_1^2}{n_1} + \dfrac{\sigma_2^2}{n_2}}}$．

（2）两个总体的方差未知但相等时，即 $\sigma_1^2 = \sigma_2^2 = \sigma^2$ 未知时，则需要用两个样本的方差 S_1^2 和 S_2^2 进行估计，这时需要将两个样本的数据组合在一起，以给出总体方差的合并估计量，用 S_w^2 表示，计算公式为：

$$S_w^2 = \frac{(n_1 - 1)S_1^2 + (n_2 - 1)S_2^2}{n_1 + n_2 - 2}$$

这时，两个样本均值之差经标准化后服从自由度为 $n_1 + n_2 - 2$ 的分布，因而采用的检验统计量为：

$$t = \frac{(\bar{X} - \bar{Y}) - (\mu_1 - \mu_2)}{S_w \sqrt{\dfrac{1}{n_1} + \dfrac{1}{n_2}}}$$

（3）两总体方差 σ_1^2 和 σ_2^2 未知，且 $\sigma_1^2 \neq \sigma_2^2$ 时，可构造检验统计量：

$$t = \frac{(\bar{X} - \bar{Y}) - (\mu_1 - \mu_2)}{\sqrt{\dfrac{S_1^2}{n_1} + \dfrac{S_2^2}{n_2}}}$$

该统计量的自由度为 v，其计算公式为：

$$v = \frac{(S_1^2/n_1 + S_2^2/n_2)^2}{\dfrac{(S_1^2/n_1)^2}{n_1 - 1} + \dfrac{(S_2^2/n_2)^2}{n_2 - 1}}$$

3. 配对样本的检验

配对样本的检验需要假定两个总体配对差值构成的总体服从正态分布，而且配对差是由差值总体中随机抽取的．对于小样本情形，配对差值经标准化后服从自由度为 $n - 1$ 的 t 分布．因此，选择的检验统计量为：

$$t = \frac{\bar{D} - (\mu_1 - \mu_2)}{S_D/\sqrt{n}}$$

式中，$\bar{D}$ 为配对差值的平均数，S_D 为配对差值的标准差．

对于大样本情形，配对差值经标准化后可以认为服从标准正态分布．因此，选择的检验统计量为：

$$Z = \frac{\bar{D} - (\mu_1 - \mu_2)}{S_D/\sqrt{n}}$$

式中，$\overline{D}$ 为配对差值的平均数，S_D 为配对差值的标准差.

两总体的均值差的检验法如表 7-2-3 所示，

表 7-2-3　　　　　　**小样本情形下的两总体均值差的检验**

序号	原假设	检验统计量	备择假设	拒绝域
1	$\mu_1-\mu_2 \leqslant \delta$ $\mu_1-\mu_2 \geqslant \delta$ $\mu_1-\mu_2 = \delta$ (σ_1^2, σ_2^2 已知)	$Z = \dfrac{\overline{X}-\overline{Y}-\delta}{\sqrt{\dfrac{\sigma_1^2}{n_1}+\dfrac{\sigma_2^2}{n_2}}}$	$\mu_1-\mu_2 > \delta$ $\mu_1-\mu_2 < \delta$ $\mu_1-\mu_2 \neq \delta$	$z \geqslant z_\alpha$ $z \leqslant -z_\alpha$ $|z| \leqslant z_{\alpha/2}$
2	$\mu_1-\mu_2 \leqslant \delta$ $\mu_1-\mu_2 \geqslant \delta$ $\mu_1-\mu_2 = \delta$ ($\sigma_1^2=\sigma_2^2=\sigma^2$ 未知)	$t = \dfrac{\overline{X}-\overline{Y}-\delta}{S_w\sqrt{\dfrac{1}{n_1}+\dfrac{1}{n_2}}}$ $S_w^2 = \dfrac{(n_1-1)S_1^2+(n_2-1)S_2^2}{n_1+n_2-2}$	$\mu_1-\mu_2 > \delta$ $\mu_1-\mu_2 < \delta$ $\mu_1-\mu_2 \neq \delta$	$t \geqslant t_\alpha(n_1+n_2-2)$ $t \leqslant -t_\alpha(n_1+n_2-2)$ $|t| \geqslant t_{\alpha/2}(n_1+n_2-2)$
3	$\mu_1-\mu_2 \leqslant \delta$ $\mu_1-\mu_2 \geqslant \delta$ $\mu_1-\mu_2 = \delta$ ($\sigma_1^2 \neq \sigma_2^2$ 未知)	$t = \dfrac{\overline{X}-\overline{Y}-(\mu_1-\mu_2)}{\sqrt{\dfrac{S_1^2}{n_1}+\dfrac{S_2^2}{n_2}}}$	$\mu_1-\mu_2 > \delta$ $\mu_1-\mu_2 < \delta$ $\mu_1-\mu_2 \neq \delta$	$t \geqslant t_\alpha(\nu)$ $t \leqslant -t_\alpha(\nu)$ $|t| \geqslant t_{\alpha/2}(\nu)$
4	$\mu_D \leqslant 0$ $\mu_D \geqslant 0$ $\mu_D = 0$ （配对数据）	$t = \dfrac{\overline{D}-0}{S_D/\sqrt{n}}$	$\mu_D > 0$ $\mu_D < 0$ $\mu_D \neq 0$	$t \geqslant t_\alpha(n-1)$ $t \leqslant -t_\alpha(n-1)$ $|t| \geqslant t_{\alpha/2}(n-1)$

注：表中列出的都是小样本情形，如果是大样本，就将 t 统计量改成 Z 统计量. 另外，如果想要得到对应统计量的 p 值，具体的计算方法如表 7-1-1 中的 p 值的计算公式.

实验内容（1）属于两独立总体均值差的右边假设检验：

$$H_0: \mu_1-\mu_2 \leqslant 0,\ H_1: \mu_1-\mu_2 > 0.$$

由表 7-2-3 可得，选择的统计量为 $t = \dfrac{\overline{X}-\overline{Y}-0}{S_w\sqrt{\dfrac{1}{n_1}+\dfrac{1}{n_2}}}$，其中 $S_w^2 =$

$\dfrac{(n_1-1)S_1^2+(n_2-1)S_2^2}{n_1+n_2-2}$，其拒绝域为 $t \geqslant t_\alpha(n_1+n_2-2)$，其 p 值的计算公式为 $P\{t \geqslant t_0\}$，其中 t_0 为样本数据代入统计量所得的值.

实验内容（2）属于两配对总体均值差的双边假设检验：

$$H_0: \mu_D = 0,\ H_1: \mu_D \neq 0.$$

由表 7-2-3 可得，选择的统计量为 $t = \dfrac{\overline{D}-0}{S_D/\sqrt{n}}$，其拒绝域为 $|t| \geqslant$

$t_{\alpha/2}(n-1)$，其 p 值的计算公式为 $2P\{t \geqslant |t_0|\}$，其中 t_0 为样本数据代入相应的统计量所得的值.

【实验过程】

1. 双样本等方差假设检验

（1）Excel 实现.

单击 Excel 工具栏中的【数据】，选择【数据分析】，如图 7-2-1 所示，选择【t-检验：双样本等方差假设】，单击【确定】，同时选择数据，如图 7-2-2 所示.

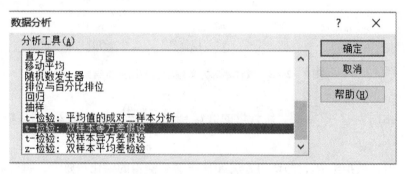

图 7-2-1　数据分析工具

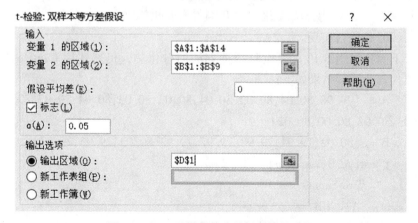

图 7-2-2　双样本等方差假设操作过程

得到数据分析结果如图 7-2-3 所示.

	A	B	C	D	E	F
1	方法A	方法B		t-检验：双样本等方差假设		
2	79.98	80.02				
3	80.04	79.94			方法A	方法B
4	80.02	79.98		平均	80.0207692	79.97875
5	80.04	79.97		方差	0.00057436	0.00098393
6	80.03	79.97		观测值	13	8
7	80.03	80.03		合并方差	0.00072525	
8	80.04	79.95		假设平均差	0	
9	79.97	79.97		df	19	
10	80.05			t Stat	3.47224485	
11	80.03			P(T<=t) 单尾	0.0012755	
12	80.02			t 单尾临界	1.72913279	
13	80.00			P(T<=t) 双尾	0.002551	
14	80.02			t 双尾临界	2.09302405	

图 7 - 2 - 3　双样本等方差假设的数据分析结果

由图 7 - 2 - 3 可得，统计量的值 $t_0 = \dfrac{\bar{x} - \bar{y} - 0}{s_w\sqrt{\dfrac{1}{n_1} + \dfrac{1}{n_2}}} = 3.4722 > t_{0.05}(19) =$

1.7291，故拒绝 H_0，即认为方法 A 比方法 B 测得的融化热要大. 如果采用 p 值法也可以得到同样的结论，因为 p 值 $= P\{t > t_0\} = 0.0013 < \alpha = 0.05$，故拒绝 H_0，即认为方法 A 比方法 B 测得的融化热要大.

（2）R 语言实现.

下面我们用 R 语言来检验两种方法的融化热，仍然使用 t. test 函数，具体代码及运行结果如下：

> A = c(79.98,80.04,80.02,80.04,80.03,80.03,80.04,79.97,80.05,
80.03,80.02,80.00,80.02)

> B = c(80.02,79.94,79.98,79.97,79.97,80.03,79.95,79.97)

> t. test(A,B,var. equal = TRUE)

　　Two Sample t-test

data：　A and B

t = 3.4722, df = 19, p-value = 0.002551

alternative hypothesis：true difference in means is not equal to 0

95 percent confidence interval：

　0.01669058　0.06734788

sample estimates：

mean of x mean of y

80. 02077   79. 97875

2. 配对数据检验

（1）Excel 实现.

单击 Excel 工具栏中的【数据】，选择【数据分析】，如图 7 – 2 – 4 所示，选择【t – 检验：平均值的成对二样本分析】，单击【确定】，同时选择数据，如图 7 – 2 – 5 所示.

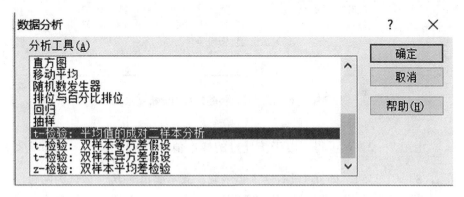

图 7 – 2 – 4   数据分析工具

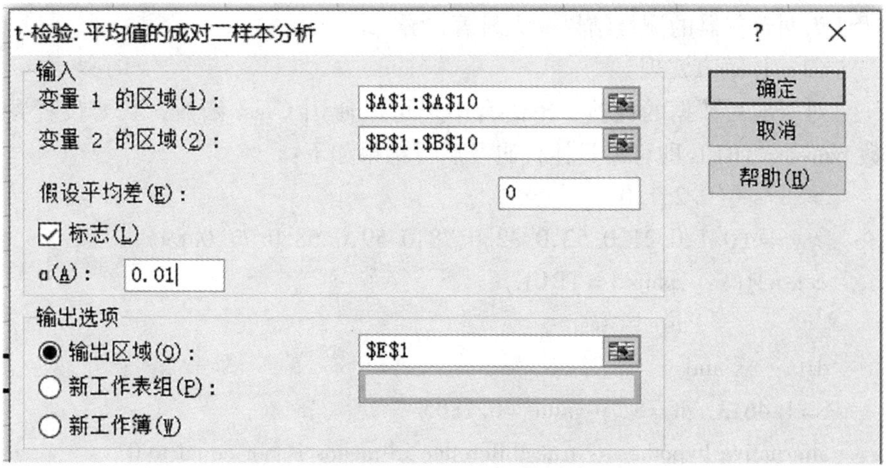

图 7 – 2 – 5   成对数据检验操作过程

得到数据分析结果如图 7 – 2 –6 所示.

	A	B	C	D	E	F	G
1	x(%)	y(%)	d=x-y(%)		t-检验：成对双样本均值分析		
2	0.20	0.10	0.10				
3	0.30	0.21	0.09			x(%)	y(%)
4	0.40	0.52	-0.12		平均	0.6	0.54
5	0.50	0.32	0.18		方差	0.075	0.0758
6	0.60	0.78	-0.18		观测值	9	9
7	0.70	0.59	0.11		泊松相关系数	0.900211607	
8	0.80	0.68	0.12		假设平均差	0	
9	0.90	0.77	0.13		df	8	
10	1.00	0.89	0.11		t Stat	1.467250463	
11					P(T<=t) 单尾	0.090243803	
12					t 单尾临界	2.896459446	
13					P(T<=t) 双尾	0.180487607	
14					t 双尾临界	3.355387331	

图 7 - 2 - 6　成对数据检验的数据分析结果

由图 7 - 2 - 6 可得，由于统计量的样本值 $|t_0| = \left| \dfrac{\overline{d} - 0}{s_D / \sqrt{n}} \right| = 1.4673 <$ $t_{0.005}(8) = 3.3554$，即 $|t_0|$ 没有落入拒绝域，故不能拒绝 H_0，即认为两台仪器的测量结果并无显著差异. 如果采用 p 值法也可以得到同样的结论，因为 p 值 $= 2P\{t > |t_0|\} = 0.1805$，因此，$p$ 值 $> \alpha = 0.05$，故不能拒绝 H_0，即认为两台仪器的测量结果并无显著差异.

（2）R 语言实现.

对于成对数据的检验，R 语言中仍可以使用 t. test 函数，只要设置参数 paired = TRUE 即可，具体代码及运行结果如下：

```
> x = seq(0.2,1,0.1)
> y = c(0.1,0.21,0.52,0.32,0.78,0.59,0.68,0.77,0.89)
> t. test(x,y,paired = TRUE)

        Paired t-test

data:  x and y
t = 1.4673, df = 8, p-value = 0.1805
alternative hypothesis: true difference in means is not equal to 0
95 percent confidence interval:
 -0.034299  0.154299
sample estimates:
mean of the differences
        0.06
```

【巩固练习】

（1）随机地选择 8 个人，分别测量了他们在早晨起床时和晚上就寝时的身高（厘米），得到的数据如表 7 - 2 - 4 所示.

表 7 - 2 - 4　　　　　　　　　　早上和晚上的身高　　　　　　　　单位：厘米

时间	1 号	2 号	3 号	4 号	5 号	6 号	7 号	8 号
早上	172	168	180	181	160	163	165	177
晚上	172	167	177	179	159	161	166	175

设各对数据的差 $D_i = X_i - Y_i$（$i = 1，2\cdots，8$）是来自正态总体 $N(\mu_D，\sigma_D^2)$ 的样本，μ_D 和 σ_D^2 均未知. 问：是否可以认为早晨的身高比晚上的身高要高（取 $\alpha = 0.05$）？

（2）据推测认为，矮个子的人比高个子的人寿命要长一些. 下面将美国 31 个自然死亡者分为矮个子与高个子两个总体（以 172cm 为界），其寿命如表 7 - 2 - 5 所示.

表 7 - 2 - 5　　　　　　　　　矮个子和高个子人的寿命　　　　　　　单位：岁

类别	寿　命								
矮个子	85	79	67	90	80	74	64	66	60
	68	53	63	70	88				
高个子	60	78	71	67	90	73	71	77	72
	57	78	67	56	63	64	83	65	

设两个总体均服从正态分布，且方差相等. 问：数据显示是否符合推测（取 $\alpha = 0.05$）？

（3）在 20 世纪 70 年代后期人们发现，在酿造啤酒时，在麦芽干燥过程中形成致癌物质亚硝基二甲胺（NDMA）. 到了 20 世纪 80 年代初期开发了一种新的麦芽干燥过程. 下面给出分别在新老两种过程中形成的 ND-MA 含量（以 10 亿份中的份数计）：

表 7 - 2 - 6　　　　　　　　新老麦芽干燥过程 NDMA 含量

过程	NDMA 含量份数										
老过程	6	4	5	5	6	5	5	6	4	6	7	4
新过程	2	1	2	2	1	0	3	2	1	0	1	3

设两样本分别来自正态总体，且两总体的方差相等，但参数均未知．两样本独立．分别以 μ_1 和 μ_2 记对应于老、新过程的总体的均值，试检验假设（$\alpha = 0.05$）：

$$H_0 : \mu_1 - \mu_2 \leqslant 2, \quad H_1 : \mu_1 - \mu_2 > 2$$

实验三　正态总体方差的假设检验

【实验目的】

（1）加深对假设检验的基本思想和方法的理解．
（2）加深理解单个总体方差检验和两个总体方差比的检验．
（3）学会针对实际问题提出原假设和备择假设，并根据检验结果作出判断．

【实验要求】

（1）会用 Excel 和 R 语言求常用分布的临界值．
（2）会用 Excel 和 R 语言求常用分布的 p 值．
（3）对软件输出结果进行合理的统计解释．

【实验内容】

（1）已知维尼纶纤度在正常条件下服从正态分布，且标准差为 0.048. 从某天生产的产品中抽取 7 根纤维，测得其纤度为：1.32，1.41，1.55，1.48，1.36，1.40，1.44. 问：这一天纤度的总体方差是否正常（取 $\alpha = 0.05$）？
（2）用两种方法（A 和 B）测定冰自 $-0.72°C$ 转变为 $0°C$ 的水的融化热（以 cal/g 计），测得数据如表 7 - 3 - 1 所示．

表 7 - 3 - 1　　　　　　用两种方法测得的水的融化热　　　　　　单位：cal/g

方法	测得的数据						
方法 A	79.98	80.04	80.02	80.04	80.03	80.03	
	80.04	79.97	80.05	80.03	80.02	80.00	80.02
方法 B	80.02	79.94	79.98	79.97	79.97	80.03	79.95	79.97

试检验假设 $H_0: \sigma_1^2 = \sigma_2^2$，$H_1: \sigma_1^2 \neq \sigma_2^2$.

【实验原理】

在生产和生活的许多领域，仅仅保证所观测到的样本均值维持在特定水平范围之内并不意味着整个过程是正常的，方差的大小是否适度是需要考虑的另一个重要因素．一个方差大的产品自然意味着其质量或性能不稳定．相同均值的产品，方差小的自然要好些．与总体方差的区间估计类似，一个总体方差的检验也是使用 χ^2 分布．此外，总体方差的检验，不论样本量 n 是大还是小，都要求总体服从正态分布．检验的统计量为：

$$\chi^2 = \frac{(n-1)S^2}{\sigma_0^2}$$

在对两个总体的方差进行比较时，通常将原假设与备择假设的基本形式表示成两个总体方差比值与数值 1 之间的比较关系。由于两个样本方差比 S_1^2/S_2^2 是两个总体方差比值 σ_1^2/σ_2^2 的理想估计量，当样本量为 n_1 和 n_2 的两个样本分别独立地取自两个正态总体时，检验统计量为：

$$F = \frac{S_1^2}{S_2^2}$$

借助 Excel 工具栏的【数据分析】工具的【F - 检验双样本的方差】，其分析结果中的 p 值和临界值都是单边检验的结论（如果 S_1^2/S_2^2 大于 1，则是右边检验的结论，如果 S_1^2/S_2^2 小于 1，则是左边检验的结论）；如果双边检验，则 p 值跟 $\alpha/2$ 比较，双边检验的左边临界值和右边临界值需要自己手动重新计算．表 7 - 3 - 2 给出了单个正态总体方差检验和两个正态总体的方差检验的检验统计量以及拒绝域．

表 7 - 3 - 2 **正态总体方差检验**

序号	原假设 H_0	检验统计量	备择假设 H_1	拒绝域	p 值
1	$\sigma_0^2 \leq \sigma_0^2$ $\sigma_0^2 \geq \sigma_0^2$ $\sigma_0^2 = \sigma_0^2$ （μ 未知）	$\chi^2 = \frac{(n-1)S^2}{\sigma_0^2}$	$\sigma^2 > \sigma_0^2$ $\sigma^2 < \sigma_0^2$ $\sigma^2 \neq \sigma_0^2$	$\chi^2 \geq \chi_\alpha^2(n-1)$ $\chi^2 \leq \chi_{1-\alpha}^2(n-1)$ $\chi^2 \geq \chi_{\alpha-2}^2(n-1)$ 或 $\chi^2 \leq \chi_{1-\alpha/2}^2(n-1)$	$P(\chi^2 \geq \chi_0^2)$ $P(\chi^2 \leq \chi_0^2)$ $2P(\chi^2 \geq \chi_0^2)$ 见注①

续表

序号	原假设 H_0	检验统计量	备择假设 H_1	拒绝域	p 值
2	$\sigma_1^2 \leqslant \sigma_2^2$ $\sigma_1^2 \geqslant \sigma_2^2$ $\sigma_1^2 = \sigma_2^2$ $(\mu_1, \mu_2$ 未知$)$	$F = \dfrac{S_1^2}{S_2^2}$	$\sigma_1^2 > \sigma_2^2$ $\sigma_1^2 < \sigma_2^2$ $\sigma_1^2 \neq \sigma_2^2$	$F \geqslant F_\alpha(n_1-1, n_2-1)$ $F \leqslant F_{1-\alpha}(n_1-1, n_2-1)$ $F \geqslant F_{\alpha/2}(n_1-1, n_2-1)$ 或 $F \leqslant F_{1-\alpha/2}(n_1-1, n_2-1)$	$P(F \geqslant F_0)$ $P(F \leqslant F_0)$ $2P(F \geqslant F_0)$ 见注②

注：①表中，χ_0^2 为样本观察值代入检验统计量 $\chi^2 = \dfrac{(n-1)S^2}{\sigma_0^2}$ 后所得的值，对于双边检验，由于原假设为真时，S^2 与 σ_0^2 不应该相差很大，因此，$\chi_0^2 = \dfrac{(n-1)S^2}{\sigma_0^2}$ 应该在 $(n-1)$ 左右，如果 $\chi_0^2 > n-1$，计算 p 值公式为 $2P(\chi^2 \geqslant \chi_0^2)$，如果 $\chi_0^2 < n-1$，计算 p 值公式为 $2P(\chi^2 \leqslant \chi_0^2)$.

②F_0 为样本观察值代入检验统计量 $F = \dfrac{S_1^2}{S_2^2}$ 后所得的值，对于双边检验，由于原假设为真时，S_1^2 与 S_2^2 不应该相差很大，因此 $F_0 = \dfrac{S_1^2}{S_2^2}$ 应该在 1 左右，如果 $F_0 > 1$，计算 p 值公式为 $2P(F \geqslant F_0)$，如果 $F_0 < 1$，计算 p 值公式为 $2P(F \leqslant F_0)$.

【实验过程】

1. 检验实验内容（1）

本题属于单个正态总体的方差的双边检验，其检验假设：

$$H_0: \sigma^2 = 0.048^2, \quad H_1: \sigma^2 \neq 0.048^2$$

（1）Excel 实现.

实验过程如图 7-4-1 所示.

▲	A	B	C	D	E
1	单个正态总体的方差的双边检验				
2	纤度				
3	1.32		显著水平 α	0.05	已知
4	1.41		总体方差 σ_0	0.002304	已知
5	1.55		样本方差 S	0.00582381	=VAR.S(A3:A9)
6	1.48		样本容量 n	7	已知
7	1.36		统计量样本值	15.16617063	=(D6-1)*D5/D4
8	1.4		左临界值	1.237344246	=CHIINV(1-0.05/2,D6-1)
9	1.44		右临界值	14.44937534	=CHIINV(0.05/2,D6-1)
10			P值	0.038005835	=2*CHIDIST(D7,D6-1)
11					

图 7-3-1　单个正态总体方差检验数据分析结果

由图 7 - 3 - 1 可得，统计量的值 $\chi_0 = \dfrac{(n-1)S^2}{\sigma_0^2} = 15.16617 > = \chi_{a/2}^2(n-1) = 14.4494$，故拒绝 H_0，即认为这一天纤度的总体方差不正常．如果采用 p 值法也可以得到同样的结论，因为 p 值 $= 2 \times P\{\chi > \chi_0\} = 0.038006 < 0.05$，故拒绝 H_0，即认为这一天纤度的总体方差不正常．

（2）R 语言实现．

在 R 语言中，没有现成的检验单个正态总体方差的函数，我们可以自己编写函数来实现这一过程，具体的代码及运行结果如下：

```
> vartest = function ( x, sigma0, alternative = "twoside" , apha = 0.05)
+ {
+    n = length( x)
+    s = sd( x)
+    ch = ( n - 1) * s^2/sigma0^2
+    if ( alternative = = "twoside") {
+       c1 = qchisq( apha/2, n - 1)
+       c2 = qchisq( 1 - apha/2, n - 1)
+       p = 2 * min( pchisq( ch, n - 1) , 1 - pchisq( ch, n - 1) )
+       data. frame( var = var( x) , chisq_value = ch, chisq_crit1 = c1,
+                    chisq_crit2 = c2, p_value = p)
+    }
+    else if ( alternative = = "less") {
+       c = qchisq( apha, n - 1)
+       p = pchisq( ch, n - 1)
+       data. frame( var = var( x) , chisq_value = ch, chisq_crit = c,
+                    p_value = p)
+    }
+    else if ( alternative = = "greater") {
+       c = qchisq( 1 - apha, n - 1)
+       p = 1 - pchisq( ch, n - 1)
+       data. frame( var = var( x) , chisq_value = ch, chisq_crit = c,
+                    p_value = p)
+    }
+ }
> d = c( 1.32,1.41,1.55,1.48,1.36,1.4,1.44)
> vartest( d,0.048^2)
```

var	chisq_value	chisq_crit1	chisq_crit2	p_value
1	0.00582381	6582.539	1.237344	14.44938	0

2. 检验实验内容（2）

本题属于两个正态总体的方差比的双边检验，其检验假设：

$$H_0: \sigma_1^2 = \sigma_2^2, \ H_1: \sigma_1^2 \neq \sigma_2^2.$$

（1）Excel 实现.

单击 Excel 工具栏中的【数据】，选择【数据分析】，如图 7-3-2 所示，选择【F-检验：双样本方差】，单击【确定】，同时选择数据，如图 7-3-3 所示.

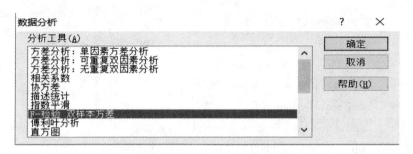

图 7-3-2　数据分析工具

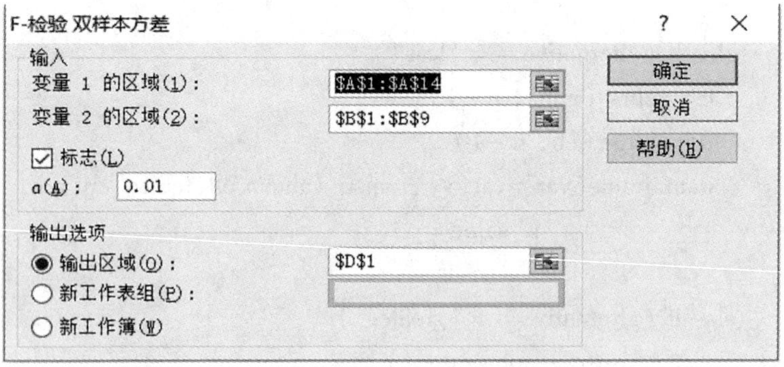

图 7-3-3　方差齐性检验操作过程

由图 7-3-4 可得，统计量的值 $F = \dfrac{S_1^2}{S_2^2} = 0.583740518$，而 $F_{1-\alpha/2}(n_1 - 1, n_2 - 1) = 0.2773$，$F_{\alpha/2}(n_1 - 1, n_2 - 1) = 4.6658$，因此，$F_{1-\alpha/2}(n_1 - 1, n_2 - 1) < F < F_{\alpha/2}(n_1 - 1, n_2 - 1)$，故不能拒绝 H_0，即认为方法 A 和方法 B 的融化热的方差没有显著差异，即方差具有齐性. 如果采用 p 值法也可以

得到同样的结论，因为：

$$p \text{ 值} = 2 \times P\{F > = 0.5837\} = 2 \times 0.196884492 = 0.3938 > 0.05$$

故不能拒绝 H_0，即认为方法 A 和方法 B 的融化热的方差没有显著差异，即方差具有齐性.

	A	B	C	D	E	F	G
1	方法A	方法B					
2	79.98	80.02		F-检验 双样本方差分析			
3	80.04	79.94					
4	80.02	79.98			方法A	方法B	
5	80.04	79.97		平均	80.02076923	79.97875	
6	80.03	79.97		方差	0.000574359	0.000983929	
7	80.03	80.03		观测值	13	8	
8	80.04	79.95		df	12	7	
9	79.97	79.97		F	0.583740518		
10	80.05			P(F<=f) 单尾	0.196884492		
11	80.03			F 单尾临界	0.343246501		
12	80.02			P(F<=f) 双尾	0.393768983	=2*E10	
13	80.00			F左临界值	0.277276013	=F.INV(0.05/2,E8,F8)	
14	80.02			F右临界值	4.665829717	=F.INV.RT(0.05/2,E8,F8)	

图 7-3-4 双样本方差齐性检验的数据分析结果

（2）R 语言实现.

R 语言实现的具体代码及运行结果如下：

```
> A = c(79.98, 80.04, 80.02, 80.04, 80.03, 80.03, 80.04, 79.97, 80.05,
80.03, 80.02, 80.00, 80.02)
> B = c(80.02, 79.94, 79.98, 79.97, 79.97, 80.03, 79.95, 79.97)
> var.test(A, B)

        F test to compare two variances

data：  A and B
F = 0.58374, num df = 12, denom df = 7, p-value = 0.3938
alternative hypothesis: true ratio of variances is not equal to 1
95 percent confidence interval：
 0.1251097  2.1052687
sample estimates：
ratio of variances
        0.5837405
```

实验四　两正态总体均值差和方差比的综合检验

【实验目的】

（1）加深对假设检验的基本思想和方法的理解.

（2）加深理解两个总体均值差和方差比的检验原理.

（3）学会针对实际问题提出原假设和备择假设，并进行合理的统计解释.

【实验要求】

（1）会用 Excel 和 R 语言求常用分布的临界值.

（2）会用 Excel 和 R 语言求常用分布的 p 值.

（3）根据方差比的检验结果，选择合适的均值差的检验方式.

【实验内容】

（1）两种小麦品种从播种到抽穗所需的天数如表 7 - 4 - 1 所示.

表 7 - 4 - 1　　　　两种小麦从播种到抽穗所需的天数　　　　单位：天

品种	天　　数								
x	101	100	99	98	100	98	99	99	99
y	100	98	99	98	99	98	98	99	100

设两样本依次来自正态总体 $N(\mu_1, \sigma_1^2)$ 和 $N(\mu_2, \sigma_2^2)$，σ_i^2（$i = 1, 2$）均未知，两样本相互独立. 要求：

①试检验假设 $H_0: \sigma_1^2 = \sigma_2^2$，$H_1: \sigma_1^2 \neq \sigma_2^2$（取 $\alpha = 0.05$）.

②根据①的结论，接着检验假设 $H_0': \mu_1 = \mu_2$，$H_1': \mu_1 \neq \mu_2$（取 $\alpha = 0.05$）.

（2）为比较新旧两种肥料对产量的影响，以便决定是否采用新肥料. 研究者选择了面积相等、土壤等条件相同的 40 块田地，分别施用新旧两种肥料，得到的产量数据如表 7 - 4 - 2 所示：

表 7 – 4 – 2 施用新旧两种不同肥料所得的产量

肥料类别	产　量									
旧肥料	109	101	97	98	100	98	98	94	99	104
	103	88	108	102	106	97	105	102	104	101
新肥料	105	109	110	118	109	113	111	111	99	112
	106	117	99	107	119	110	111	103	110	119

注：表中数据为相对数，无单位.

取显著性水平 $\alpha = 0.05$，要求检验：

①新肥料获得的平均产量是否显著地高于旧肥料？假定条件为：

第一种，两种肥料产量的方差未知但相等，即 $\sigma_1^2 = \sigma_2^2$；

第二种，两种肥料产量的方差未知且不相等，即 $\sigma_1^2 \neq \sigma_2^2$.

②两种肥料产量的方差是否有显著差异？

（3）为检验某英语辅导班的效果，从某校随机挑选 25 名学生参加该辅导班，在辅导班开课前和结束时分别进行了一次难度相当的考试，各学生的考试成绩如表 7 – 4 – 3 所示. 问：从表中数据能否得出参加该辅导班可以提高英语成绩的结论？

表 7 – 4 – 3 25 名学生参加辅导班前后的成绩

时间	1 号	2 号	3 号	4 号	5 号	6 号	7 号	8 号	9 号	10 号	11 号	12 号	13 号
辅导前	65	72	64	43	55	84	72	52	49	80	38	93	77
辅导后	67	70	72	50	52	86	80	50	62	81	56	90	78
时间	14 号	15 号	16 号	17 号	18 号	19 号	20 号	21 号	22 号	23 号	24 号	25 号	
辅导前	62	69	58	45	90	60	54	72	49	53	82	66	
辅导后	64	72	57	55	88	62	52	70	53	56	84	70	

【实验原理】

见本章实验二和实验三中的实验原理.

【实验过程】

1. 求实验内容（1）的第①问

实验内容（1）的第①问属于两独立总体方差比的双边假设检验，其检验假设：

$$H_0 : \sigma_1^2 = \sigma_2^2, \quad H_1 : \sigma_1^2 \neq \sigma_2^2$$

（1）Excel 实现.

双样本方差分析过程如图 7-4-1 所示.

如图 7-4-1 所示，统计量 $F_0 = \dfrac{S_1}{S_2} = 1.36$，对应的 p 值 $= 2 \times 0.336985181$

$> \alpha = 0.05$，因此不能拒绝原假设 H_0，即认为两个总体的方差是齐性的.

	x	y
平均	99. 22222222	98. 77777778
方差	0. 944444444	0. 694444444
观测值	9	9
df	8	8
F	1. 36	
P(F<=f) 单尾	0. 336985181	
F 单尾临界	3. 438101233	

图 7-4-1　F 检验：双样本方差分析

（2）R 语言实现.

R 语言实现的代码及运行结果如下：

```
> x = c(101,100,99,98,100,98,99,99,99)
> y = c(100,98,99,98,99,98,98,99,100)
> var. test(x,y)
```

F test to compare two variances

data： x and y

F = 1.36, num df = 8, denom df = 8, p-value = 0.674

alternative hypothesis： true ratio of variances is not equal to 1

95 percent confidence interval：

0.306772　6.029233

sample estimates：

ratio of variances

1.36

2. 求实验内容（1）的第②问

实验内容（1）的第②问属于同方差假设的均值差的双边检验，其检验假设：

$$H_0' : \mu_1 = \mu_2, \quad H_1' : \mu_1 \neq \mu_2$$

（1）Excel 实现.

双样本等方差分析过程如图 7 - 4 - 2 所示.

由图 7 - 4 - 2 可得，统计量：

$$|t_0| = \left| \frac{\bar{x} - \bar{y}}{s_w \sqrt{1/n_1 + 1/n_2}} \right| = 1.0415 < t_{0.05}(18) = 1.7341$$

故不能拒绝 H_0，即认为两种小麦品种从播种到抽穗所需天数相同. 如果采用 p 值法也可以得到同样的结论，因为 p 值 $= 2 \times P\{t > = 1.0415\} = 0.31312 > 0.05$，故不能拒绝 H_0，即认为两种小麦品种从播种到抽穗所需天数相同.

	x	y
平均	99.22222222	98.77777778
方差	0.944444444	0.694444444
观测值	9	9
合并方差	0.819444444	
假设平均差	0	
df	16	
t Stat	1.041511288	
P(T<=t) 单尾	0.156560587	
t 单尾临界	1.745883669	
P(T<=t) 双尾	0.313121174	
t 双尾临界	2.119905285	

图 7 - 4 - 2 t 检验：双样本等方差假设

（2）R 语言实现.

R 语言实现的具体代码及运行结果如下：

```
> t. test( x, y, var. equal = T)
        Two Sample t-test
data： x and y
t = 1. 0415, df = 16, p-value = 0. 3131
alternative hypothesis： true difference in means is not equal to 0
95 percent confidence interval：
  - 0. 4601834   1. 3490723
sample estimates：
mean of x mean of y
 99. 22222   98. 77778
```

3. 实验内容（2）的第①问

不管方差是否相等，检验假设都是：

$$H_0 : \mu_1 - \mu_2 \geq 0, \quad H_1 : \mu_1 - \mu_2 < 0$$

当两种肥料产量的方差未知但相等，即 $\sigma_1^2 = \sigma_2^2$，检验统计量为：

$$t = \frac{\overline{X} - \overline{Y} - 0}{S_w \sqrt{\dfrac{1}{n_1} + \dfrac{1}{n_2}}}, \quad 其中 \ S_w^2 = \frac{(n_1 - 1)S_1^2 + (n_2 - 1)S_2^2}{n_1 + n_2 - 2}$$

当两种肥料产量的方差未知且不相等，即 $\sigma_1^2 \neq \sigma_2^2$，检验统计量为：

$$t = \frac{(\overline{X} - \overline{Y}) - (\mu_1 - \mu_2)}{\sqrt{\dfrac{S_1^2}{n_1} + \dfrac{S_2^2}{n_2}}}$$

（1）Excel 实现.

数据分析结果分别如图 7 - 4 - 3 所示.

	A	B	C	D	E	F	G	H	I	J
1	旧肥料	新肥料		t-检验：双样本等方差假设				t-检验：双样本异方差假设		
2	109	105								
3	101	109			旧肥料	新肥料			旧肥料	新肥料
4	97	110		平均	100.7	109.9		平均	100.7	109.9
5	98	118		方差	24.11578947	33.3578947		方差	24.11578947	33.357895
6	100	109		观测值	20	20		观测值	20	20
7	98	113		合并方差	28.73684211			假设平均差	0	
8	98	111		假设平均差	0			df	37	
9	94	111		df	38			t Stat	-5.427106029	
10	99	99		t Stat	-5.427106029			P(T<=t) 单尾	1.87355E-06	
11	104	112		P(T<=t) 单尾	1.73712E-06			t 单尾临界	1.68709362	
12	103	106		t 单尾临界	1.68595446			P(T<=t) 双尾	3.74709E-06	
13	88	117		P(T<=t) 双尾	3.47424E-06			t 双尾临界	2.026192463	
14	108	99		t 双尾临界	2.024394164					
15	102	107								
16	106	119								
17	97	110								
18	105	111								
19	102	103								
20	104	110								
21	101	119								

图 7 - 4 - 3　两种方差假设情形下的均值检验

由图 7 - 4 - 3 可知，在双样本等方差假设下，由于统计量：

$$t_0 = -5.427106029 < -t_{\alpha/2}(n_1 + n_2 - 2) = -1.6860$$

故拒绝 H_0，即认为新肥料获得的平均含量显著高于旧肥料. 如果采用 p 值法也可以得到同样的结论，因为：

$$p \ 值 = P\{t < -5.427106029\} = 1.73712 \times 10^{-6} < 0.05$$

故拒绝 H_0，即认为新肥料获得的平均含量显著高于肥料.

在双样本异方差假设下，由于统计量：

$$t_0 = -5.427106029 < -t_{\alpha/2}(\nu) = -1.68709362$$

故拒绝 H_0，即认为新肥料获得的平均含量显著高于旧肥料. 如果采用 p 值法也可以得到同样的结论，因为：

$$p \ 值 = P\{t < -5.427106029\} = 1.87355 \times 10^{-6} < 0.05$$

故拒绝 H_0，即认为新肥料获得的平均含量显著高于肥料.

（2）R 语言实现．

在 R 语言中，检验双样本均值是否相等，可用 t. test 函数，方差相等时设置参数 var. equal = TRUE，否则设置 var. equal = FALSE，具体代码及运行结果如下：

```
> A = c(109,101,97,98,100,98,98,94,99,104,
+       103,88,108,102,106,97,105,102,104,101)
> B = c(105,109,110,118,109,113,111,111,99,112,
+       106,117,99,107,119,110,111,103,110,119)
> t. test(A,B,var. equal = T)
         Two Sample t-test
data： A and B
t = -5.4271, df = 38, p-value = 3.474e - 06
alternative hypothesis：true difference in means is not equal to 0
95 percent confidence interval：
 -12.631742   -5.768258
sample estimates：
mean of x mean of y
    100.7     109.9


> t. test(A,B,var. equal = F)
         Welch Two Sample t-test
data： A and B
t = -5.4271, df = 37.042, p-value = 3.735e - 06
alternative hypothesis：true difference in means is not equal to 0
95 percent confidence interval：
 -12.634658   -5.765342
sample estimates：
mean of x mean of y
    100.7     109.9
```

4. 检验实验内容（2）第②问

检验假设：

$$H_0: \sigma_1^2 = \sigma_2^2, \ H_1: \sigma_1^2 \neq \sigma_2^2$$

（1）Excel 实现．

数据分析结果如图 7 - 4 - 4 所示．

	A	B	C	L	M	N	O	P
1	旧肥料	新肥料		F-检验 双样本方差分析				
2	109	105						
3	101	109			旧肥料	新肥料		
4	97	110		平均	100.7	109.9		
5	98	118		方差	24.11579	33.35789		
6	100	109		观测值	20	20		
7	98	113		df	19	19		
8	98	111		F	0.722941			
9	94	111		P(F<=f) 单尾	0.24311			
10	99	99		F 单尾临界	0.461201			
11	104	112		P(F<=f) 单尾	0.486219	=M9*2		
12	103	106		F 左尾临界	0.395812	=F.INV(0.05/2,M7,N7)		
13	88	117		F 右尾临界	2.526451	=F.INV.RT(0.05/2,M7,N7)		
14	108	99						
15	102	107						
16	106	119						
17	97	110						
18	105	111						
19	102	103						
20	104	110						
21	101	119						

图 7-4-4　两样本方差是否相等检验

由图 7-4-4 可得，统计量的值 $F = \dfrac{S_1^2}{S_2^2} = 0.722941$，而

$$F_{1-\alpha/2}(n_1-1,n_2-1) = 0.395812 \quad F_{\alpha/2}(n_1-1,n_2-1)$$
$$= 2.526451$$

因此：

$$F_{1-\alpha/2}(n_1-1,n_2-1) < F < F_{\alpha/2}(n_1-1,n_2-1)$$

故不能拒绝 H_0，认为施用旧肥料与新肥料所得的产量的方差没有显著差异，即方差具有齐性．如果采用 p 值法也可以得到同样的结论，因为：

$$p \text{ 值} = 2 \times P\{F \geqslant 0.722941\}$$
$$= 2 \times 0.24311$$
$$= 0.48622 > 0.05$$

故不能拒绝 H_0，认为施用旧肥料与新肥料所得的产量的方差没有显著差异，即方差具有齐性．

（2）R 语言实现．

在 R 语言中，用 var.test 函数检验方差齐性，具体代码及运行结果如下：

```
> var.test(A,B)

    F test to compare two variances
```

data： A and B

F = 0.72294, num df = 19, denom df = 19, p-value = 0.4862

alternative hypothesis：true ratio of variances is not equal to 1

95 percent confidence interval：

0.2861488   1.8264749

sample estimates：

ratio of variances

0.722941

5. 实验内容（3）

该实验属于两配对总体均值差的左边假设检验，其检验假设：

$$H_0 : \mu_D \geqslant 0, \quad H_1 : \mu_D < 0$$

选择的统计量为 $t = \dfrac{\overline{D} - 0}{S_D / \sqrt{n}}$，其拒绝域为 $t \leqslant t_\alpha(n-1)$，其 p 值的计算公式

为 $P\{t \leqslant t_0\}$，其中 t_0 为样本数据代入相应的统计量所得的值.

（1）Excel 实现.

配对样本 t 检验的结果如图 7 - 4 - 5 所示.

	A	B	C	D	E	F	G
1	学生序号	辅导前	辅导后		t-检验：成对双样本均值分析		
2	1	65	67				
3	2	72	70			辅导前	辅导后
4	3	64	72		平均	64.16	67.08
5	4	43	50		方差	221.5566667	164.66
6	5	55	52		观测值	25	25
7	6	84	86		泊松相关系数	0.938187021	
8	7	72	80		假设平均差	0	
9	8	52	50		df	24	
10	9	49	62		t Stat	-2.767720707	
11	10	80	81		P(T<=t) 单尾	0.005350299	
12	11	38	56		t 单尾临界	1.71088208	
13	12	93	90		P(T<=t) 双尾	0.010700598	
14	13	77	78		t 双尾临界	2.063898562	
15	14	62	64				
16	15	69	72				
17	16	58	57				
18	17	45	55				
19	18	90	88				
20	19	60	62				
21	20	54	52				
22	21	72	70				
23	22	49	53				
24	23	53	56				
25	24	82	84				
26	25	66	70				

图 7 - 4 - 5   配对样本 t 检验结果

由图 7 – 4 – 5 可得，统计量的样本值为：

$$t_0 = \frac{\bar{d} - 0}{s_D/\sqrt{n}} = -2.767720707 < -t_\alpha(n-1) = -1.71088208$$

故拒绝 H_0，即认为参加辅导班能显著提高成绩．如果采用 p 值法也可以得到同样的结论，因为：

$$P\{t \leqslant -2.767720707\} = 0.005350299 < \alpha = 0.05$$

故拒绝 H_0，即认为参加辅导班能显著提高成绩．

（2）R 语言实现．

R 语言中的配对样本 t 检验可以通过 t. test 实现，只需设置参数 paired = TRUE，具体的代码及运行结果如下：

> A = c(65,72,64,43,55,84,72,52,49,80,38,93,77,62,69,58,45,90, 60,54,72,49,53,82,66)

> B = c(67,70,72,50,52,86,80,50,62,81,56,90,78,64,72,57,55,88, 62,52,70,53,56,84,70)

> t. test(A,B,paired = T)

Paired t-test

data： A and B

t = -2.7677, df = 24, p-value = 0.0107

alternative hypothesis：true difference in means is not equal to 0

95 percent confidence interval：

-5.0974537   -0.7425463

sample estimates：

mean of the differences

-2.92

【巩固练习】

用一种叫"混乱指标"的尺度去衡量工程师的英语文章的可理解性，对混乱指标的打分越低表示可理解性越高．分别随机选取 13 篇刊载在工程杂志上的论文，以及 10 篇未出版的学术报告，对它们的打分如表 7 – 4 – 4 所示．

表 7 - 4 - 4　　　　　　　　　　混乱指标打分

工程杂志上的论文（数据 I ）	未出版的学术报告（数据 II ）
1. 79　1. 75　1. 67　1. 65	2. 39　2. 51　2. 86
1. 87　1. 74　1. 94	2. 56　2. 29　2. 49
1. 62　2. 06　1. 33	2. 36　2. 58
1. 96　1. 69　1. 70	2. 62　2. 41

假设数据 I 和 II 分别来自正态总体 $N(\mu_1, \sigma_1^2)$ 和 $N(\mu_2, \sigma_2^2)$，其中，μ_i，σ_i^2，$i = 1, 2$ 均未知，两样本独立.

（1）试检验 $H_0: \sigma_1^2 = \sigma_2^2$，$H_1: \sigma_1^2 \neq \sigma_2^2$.

（2）检验假设 $H_0': \mu_1 = \mu_2$，$H_1': \mu_1 \neq \mu_2$（取 $\alpha = 0.1$）.

第八章　方差分析

实验一　单因素方差分析

【实验目的】

（1）掌握单因素方差分析原理.
（2）单因素方差分析的前提条件.

【实验要求】

（1）理解方差分析的理论、方法.
（2）会对方差分析模型作参数检验和模型评价.

【实验内容】

（1）设有 3 台机器，用来生产规格相同的铝合金薄板. 从 3 台设备生产的产品中各取 5 份样品，测量薄板的厚度精确至 1/1000 厘米，得到结果如表 8-1-1 所示.

表 8-1-1　　　　三台机器生产铝合金薄板的厚度　　　　单位：厘米

观测编号	机器 1	机器 2	机器 3
1	0.236	0.257	0.258
2	0.238	0.253	0.264
3	0.248	0.255	0.259
4	0.245	0.254	0.267
5	0.243	0.261	0.262

假设本题符合单因素方差分析模型的条件，检验 3 台机器生产的薄板的厚度有无显著差异（取 $\alpha = 0.05$）. 若有显著差异，试求均值差 $\mu_1 - \mu_2$，$\mu_1 - \mu_3$，$\mu_2 - \mu_3$ 的置信水平为 95% 的置信区间.

（2）为了对几个行业的服务质量进行评价，消费者协会在 4 个行业分别抽取了不同的企业作为样本. 最近一年中消费者对总共 23 家企业投诉的次数如表 8 - 1 - 2 所示：

表 8 - 1 - 2　　　　　消费者对不同行业的 23 家企业投诉次数　　　单位：次

观测编号	零售业	旅游业	航空公司	家电制造业
1	57	68	31	44
2	66	39	49	51
3	49	29	21	65
4	40	45	34	77
5	34	56	40	58
6	53	51		
7	44			

假设本题符合单因素方差分析模型的条件，检验 4 个行业对投诉次数有无显著影响（$\alpha = 0.05$）. 若有显著差异，试求均值差 $\mu_1 - \mu_2$，$\mu_1 - \mu_3$，$\mu_1 - \mu_4$，$\mu_2 - \mu_3$，$\mu_2 - \mu_4$ $\mu_3 - \mu_4$ 的置信水平为 95% 的置信区间.

【实验原理】

单因素方差分析的数据一般按表 8 - 1 - 3 形式排列，X_{ij}（$i = 1$, 2, $\cdots$, n_j；$j = 1$, 2, $\cdots$, s）表示样本观测值，A_i（$i = 1$, 2, $\cdots$, s）表示因素 A 的各个水平，这里一共有 s 个水平，每个水平下有 n_i（$i = 1$, 2, $\cdots$, s）个观测值，因此，样本容量 $n = \sum\limits_{i=1}^{s} n_i$. 单因素方差分析的数据排列如表 8 - 1 - 3 所示.

表 8 - 1 - 3　　　　　　　　单因素方差分析数据结构

观测次数	因子 A			
	A_1	A_2	$\cdots$	A_s
1	X_{11}	X_{12}	$\cdots$	X_{1s}
2	X_{21}	X_{22}	$\cdots$	X_{2s}
$\vdots$	$\vdots$	$\vdots$	$\vdots$	$\vdots$

续表

观测次数	因子 A			
	A_1	A_2	$\cdots$	A_s
n_i	$X_{n_1 1}$	$X_{n_2 2}$	$\cdots$	$X_{n_2 s}$
样本均值	$\overline{X}_{\cdot 1}$	$\overline{X}_{\cdot 2}$		$\overline{X}_{\cdot s}$
总体均值	μ_1	μ_2		μ_s

单因素方差分析的检验假设为：

$$H_0 : \mu_1 = \mu_2 = \cdots = \mu_s \quad \text{VS} \quad H_1 : \mu_i \text{ 不全相等}$$

式中，μ_i 为第 i 个因素的水平 A_i 对应的总体（$i = 1, 2, \cdots, s$）.

对于单因素方差分析所涉及的若干计算结果，一般通过表 8 - 1 - 4 所示的单因素方差分析表给出.

表 8 - 1 - 4　　　　　　　　单因素方差分析

误差来源	平方和	自由度	方差	F 统计量	临界值	p 值
组间 （处理误差）	SSA	$s - 1$	MSA	$F = \dfrac{MSA}{MSE}$	$F_\alpha(s-1, n-s)$	$P = P(F \geqslant F_0)$ 其中 F_0 为样本数据代入 F 统计量后所得值
组内 （随机误差）	SSE	$n - s$	MSE			
总和	SST	$n - 1$				

表 8 - 1 - 4 中，总平方和 $SST = \sum\limits_{j=1}^{s} \sum\limits_{i=1}^{n_j} (X_{ij} - \overline{X})^2$，误差平方和 $SSE = \sum\limits_{j=1}^{s} \sum\limits_{i=1}^{n_j} (X_{ij} - \overline{X}_{\cdot j})^2$，效应平方和 $SSA = \sum\limits_{j=1}^{s} \sum\limits_{i=1}^{n_j} (\overline{X}_{\cdot j} - \overline{X})^2$，$MSA = SSA/(s-1)$，$MSE = SSE/(n-s)$.

可以证明：$SST = SSA + SSE$. 如果 F 统计量的样本值大于 F 统计量的临界值或者 $P = P(F \geqslant F_0)$ 小于给定的显著性水平 α，就拒绝原假设 H_0：$\mu_1 = \mu_2 = \cdots = \mu_s$，即认为 μ_i 不全相等（$i = 1, 2, \cdots, s$），反之可以认为 $\mu_1 = \mu_2 = \cdots = \mu_s$. 如果拒绝原假设，则至少两个总体的均值存在显著差异，到底哪两个总体的均值存在显著差异，需要进一步求出所有两个总体均值差的置信区间进行判断，均值差 $\mu_j - \mu_k$ 的置信水平为 $1 - \alpha$ 的置信区间为

$$\left(\overline{X}_{\theta j} - \overline{X}_{\theta k} \pm t_{\alpha/2}(n-s) \sqrt{MSE\left(\frac{1}{n_j} + \frac{1}{n_k} \right)} \right),$$

其中 $t_{\alpha/2}(n-s)$ 为 t 分布的上 α 分位数，自由度为 $n - s$.

【实验过程】

1. 求解实验内容（1）

（1）Excel 实现.

在 Excel 的主菜单上单击【数据】/【数据分析】/【方差分析】/【单因素因素方差分析】，如图 8 - 1 - 1 所示，得到单因素方差分析结果，如图 8 - 1 - 2 所示.

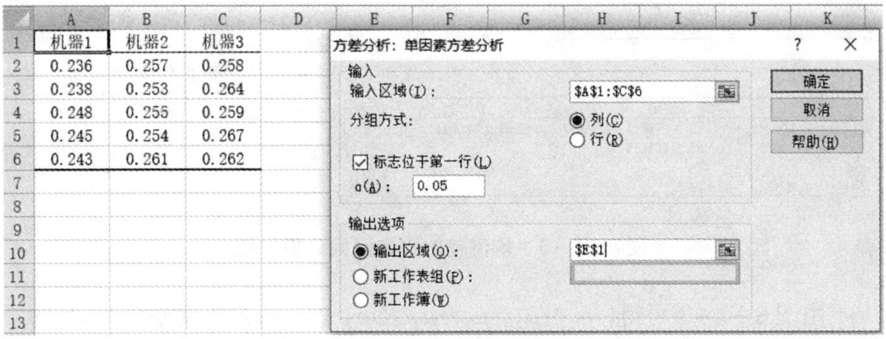

图 8 - 1 - 1 单因素方差分析过程

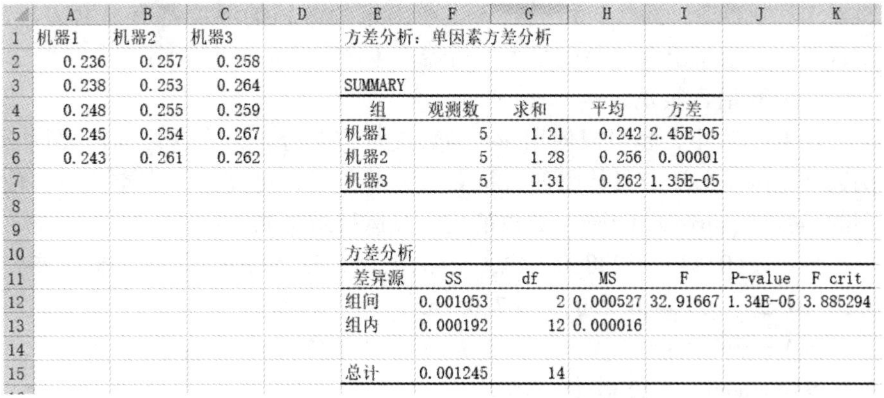

图 8 - 1 - 2 单因素方差分析结果

由图 8 - 1 - 2 可得，组间（因素：机器），组内（组内：误差），"组间"所在一行的 F 值为 32.91667，对应的 p 值为 1.34×10^{-5}，小于给定的显著性水平 $\alpha = 0.05$，因此，拒绝原假设，即认为 3 台机器中至少有 2 台机器生产的薄板的厚度有显著差异. 如果采用临界值法也可以得到同样的结论. "组间" 所在一行的 F 值为 32.91667，对应的 F 临界值 3.885294，即 F 值 $> F$ 临界值，因此，拒绝原假设，即认为 3 台机器中至少有两台机器生产的薄板的厚度有显著差异. 那么到底是哪两台机器生产的薄板的厚度有显著差异，需要分别计算均值差的置信区间，计算过程如图 8 - 1 - 3 所示.

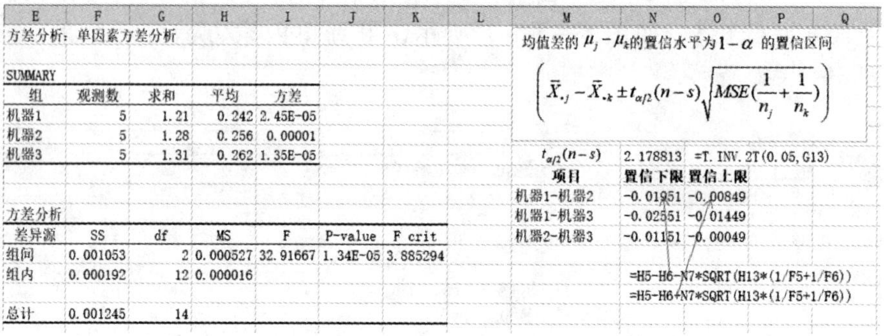

E	F	G	H	I	J	K	L
方差分析：单因素方差分析							
SUMMARY							
组	观测数	求和	平均	方差			
机器1	5	1.21	0.242	2.45E-05			
机器2	5	1.28	0.256	0.00001			
机器3	5	1.31	0.262	1.35E-05			
方差分析							
差异源	SS	df	MS	F	P-value	F crit	
组间	0.001053	2	0.000527	32.91667	1.34E-05	3.885294	
组内	0.000192	12	0.000016				
总计	0.001245	14					

均值差的 $\mu_j - \mu_k$ 的置信水平为 $1 - \alpha$ 的置信区间

$$\left(\bar{X}_{\cdot j} - \bar{X}_{\cdot k} \pm t_{\alpha/2}(n-s) \sqrt{MSE\left(\frac{1}{n_j} + \frac{1}{n_k}\right)} \right)$$

$t_{\alpha/2}(n-s)$	2.178813	=T.INV.2T(0.05,G13)
项目	置信下限	置信上限
机器1-机器2	-0.01951	-0.00849
机器1-机器3	-0.02551	-0.01449
机器2-机器3	-0.01151	-0.00049

=H5-H6-N7*SQRT(H13*(1/F5+1/F6))
=H5-H6+N7*SQRT(H13*(1/F5+1/F6))

图 8 - 1 - 3 均值差的置信区间计算过程

由图 8 - 1 - 3 可得，$\mu_1 - \mu_2$，$\mu_1 - \mu_3$ 及 $\mu_2 - \mu_3$ 的置信水平为 0.95 的置信区间分别为：$(-0.020, -0.008)$，$(-0.026, -0.014)$，$(-0.012, 0)$. 由于前三个置信区间都不包含 0，而且都是负数，这说明机器 1 和机器 2、机器 1 和机器 3、机器 2 和机器 3 生产出来的薄板的厚度都有显著差异，而且机器 3 生产出来的厚度最大，机器 1 生产出来的厚度最小.

（2）R 语言实现.

在 R 语言中，也可以使用 aov 函数进行方差分析，在这之前需要用 gl 函数产生因子，比较具体哪两台机器有显著差异，则需进行多重比较，使用的函数是 pairwise. t. test，具体的代码及运行结果如下：

```
> x = c(0.236,0.238,0.248,0.245,0.243,0.257,0.253,0.255,0.254,
0.261,0.258,0.264,0.259,0.267,0.262)
> A = gl(3,5)
> fit = aov(x ~ A)
> summary(fit)
```

	Df	Sum Sq	Mean Sq	F value	Pr(>F)
A	2	0.001053	0.0005267	32.92	1.34e-05 ***
Residuals	12	0.000192	0.0000160		

– – –

Signif. codes：0 '***' 0.001 '**' 0.01 '*' 0.05 '.' 0.1 ' ' 1

> pairwise. t. test(x , A)

Pairwise comparisons using t tests with pooled SD

data： x and A

	1	2
2	0.00026	–
3	1.3e-05	0.03529

P value adjustment method：holm

2. 求解实验内容（2）

（1）Excel 实现.

在 Excel 的主菜单上单击【数据】/【数据分析】/【方差分析】/【单因素因素方差分析】，得到单因素方差分析结果如图 8 -1 -4 所示.

	A	B	C	D	E	F	G	H	I	J	K	L	M
1	观测值	零售业	旅游业	航空公司	家电制造业		方差分析：单因素方差分析						
2	1	57	68	31	44								
3	2	66	39	49	51		SUMMARY						
4	3	49	29	21	65		组	观测数	求和	平均	方差		
5	4	40	45	34	77		零售业	7	343	49	116.6667		
6	5	34	56	40	58		旅游业	6	288	48	184.8		
7	6	53	51				航空公司	5	175	35	108.5		
8	7	44					家电制造业	5	295	59	162.5		
9													
10													
11							方差分析						
12							差异源	SS	df	MS	F	P-value	F crit
13							组间	1456.609	3	485.5362	3.406643	0.038765	3.12735
14							组内	2708	19	142.5263			
15													
16							总计	4164.609	22				

图 8 -1 -4 单因素方差分析结果

图 8 -1 -4 中，"组间"表示因素（行业），"组内"表示误差，由"组间"所在一行的 F 值为 3.406643，对应的 p 值为 0.038765，小于给定的显著性水平 α（$\alpha = 0.05$），因此，拒绝原假设，即认为消费者对 4 家行业中至少有两家行业的投诉次数有显著差异. 如果采用临界值值法也可以得到同样的结论."组间"所在一行的 F 值为 3.406643，对应的 F 临界值为 3.12735，即 F 值 > F 临界值，因此，拒绝原假设，即认为消费者对 4 家行业中至少有两家行业的投诉次数有显著差异. 那么消费者到底对哪两家行业的投诉次数有显著差异，需要分别计算均值差的置信区间，计算过程如图 8 -1 -5 所示.

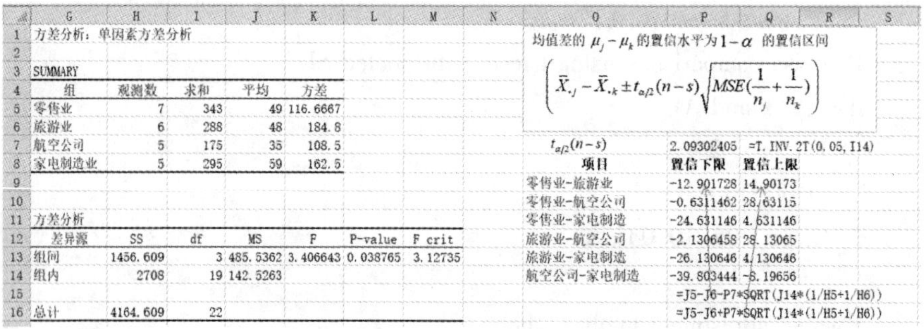

图 8 – 1 – 5 均值差的置信区间计算过程

由图 8 – 1 – 5 可得，$\mu_1 - \mu_2$，$\mu_1 - \mu_3$，$\mu_1 - \mu_4$，$\mu_2 - \mu_3$，$\mu_2 - \mu_4$，$\mu_3 - \mu_4$ 的置信水平为 0.95 的置信区间分别为：（ – 12.901728，14.90173），（ – 0.6311462，28.63115），（ – 24.631146，4.631146），（ – 2.1306458，28.13065），（ – 26.130646，4.130646），（ – 39.803444，– 8.19656）．前 5 个置信区间都包含 0，这说明消费者对零售业和旅游业、零售业和航空公司、零售业和家电制造业、旅游业和航空公司、旅游业和家电制造业的投诉次数无显著差异，而最后一个置信区间不包含 0，而且为负数，这说明消费者对航空公司和家电制造业的投诉次数有显著差异，对家电制造业的投诉次数更高．

（2）R 语言实现．

下面我们仍然用 R 语言 aov 函数进行方差分析，这里用另一种产生因子的函数 factor，具体的代码及运行结果如下：

> x = c(57,66,49,40,34,53,44,68,39,29,45,56,51,31,49,21,34,40, 44,51,65,77,58)

> A = factor(c(rep(1,7),rep(2,6),rep(3,5),rep(4,5)))

> fit = aov(x ~ A)

> summary(fit)

	Df	Sum Sq	Mean Sq	F value	Pr(> F)
A	3	1457	485.5	3.407	0.0388 *
Residuals	19	2708	142.5		

– – –

Signif. codes：0 ' *** ' 0.001 ' ** ' 0.01 ' * ' 0.05 ' . ' 0.1 ' ' 12

> pairwise. t. test (x, A)

Pairwise comparisons using t tests with pooled SD

data： x and A

	1	2	3
2	0.88	–	–
3	0.30	0.35	–
4	0.43	0.43	0.03

P value adjustment method：holm

【巩固练习】

为了检测 3 种安眠药的疗效，实验人员用这 3 种安眠药在兔子身上进行实验，特选 24 只健康的兔子，随机把它们均分为 4 组，除了第一组不服用安眠药外，其余 3 组各服一种安眠药，安眠时间如表 8 – 1 – 5 所示.

表 8 – 1 – 5　　　　　不同处理方式下兔子的安眠时间　　　　　单位：小时

处理方式	安眠时间					
A_1	6.2	6.1	6	6.3	6.1	5.9
A_2	6.3	6.5	6.7	6.6	7.1	6.4
A_3	6.8	7.1	6.6	6.8	6.9	6.6
A_4	5.4	6.4	6.2	6.3	6	5.9

其中 A_1 代表不服用任何安眠药，A_2、A_3、A_4 代表各服用一种安眠药，问：若显著性水平 $\alpha = 0.05$，这 3 种安眠药在安眠时间上是否有差异？若有，则哪一种最有效？

实验二　双因素等重复方差分析

【实验目的】

（1）掌握双因素等重复方差分析原理.
（2）理解双因素等重复方差分析的前提条件.

【实验要求】

（1）掌握双因素等重复方差分析的理论方法.
（2）会对等重复方差分析模型作参数检验和模型评价.

【实验内容】

一火箭使用四种燃料，三种推进器作射程试验．每一种燃料与每一种推进器的组合各发射火箭两次，射程（以海里计）如表 8 - 2 - 1 所示．

表 8 - 2 - 1 　　　　　　不同燃料和推荐器组合下火箭的射程　　　　　单位：海里

燃料	推进器		
	B1	B2	B3
A1	58.2	56.2	65.3
	52.6	41.2	60.8
A2	49.1	54.1	51.6
	42.8	50.5	48.4
A3	60.1	70.9	39.2
	58.3	73.2	40.7
A4	75.8	58.2	48.7
	71.5	51	41.4

试验的目的在于考察在各种因素的各个水平下射程有无显著差异，即考察推进器和燃料这两个因素对射程是否有显著的影响．

【实验原理】

双因素等重复试验的方差分析的数据一般按表 8 - 2 - 2 形式排列。其中：X_{ijk}（$i = 1, 2, \cdots, r$；$j = 1, 2, \cdots, s$；$k = 1, 2, \cdots, t$）表示样本观测值；A_i（$i = 1, 2, \cdots, r$）表示因素 A 的各个水平，这里一共有 r 个水平；B_j（$j = 1, 2, \cdots, s$）表示因素 B 的各个水平，这里一共有 s 个水平；每个 A_i 和 B_j 搭配下各有 t 个观测值．

表 8 - 2 - 2 　　　　　双因素等重复试验的方差分析的数据结构

行因子（A）	列因子（B）			
	B_1	B_2	$\cdots$	B_s
	X_{111}	X_{121}	$\cdots$	X_{1s1}
	X_{112}	X_{122}	$\cdots$	X_{1s2}
A_1	$\vdots$	$\vdots$	$\vdots$	$\vdots$
	X_{11t}	X_{12t}	$\cdots$	X_{1st}

行因子（A）	列因子（B）			
	B_1	B_2	$\cdots$	B_s
	X_{211}	X_{221}	$\cdots$	X_{2s1}
A_2	X_{212}	X_{222}	$\cdots$	X_{2s2}
	$\vdots$	$\vdots$	$\vdots$	$\vdots$
	X_{21t}	X_{22t}	$\cdots$	X_{2st}
	$\vdots$	$\vdots$	$\vdots$	$\vdots$
	X_{r12}	X_{r22}	$\cdots$	X_{rs2}
A_r	$\vdots$	$\vdots$	$\vdots$	$\vdots$
	X_{r1t}	X_{r2t}	$\cdots$	X_{rst}

设 μ_{ig} 为行因素的第 i 个水平对应的总体均值，则检验行因素时提出的检验假设为：

$H_0: \mu_{1g} = \mu_{2g} = \cdots = \mu_{sg}$ VS $H_1: \mu_{ig}$（$i = 1, 2, \cdots, r$）不全相等

设 μ_{gjg} 为列因素的第 j 个水平对应的总体均值，则检验列因素时提出的检验假设为：

$H_0: \mu_{g1g} = \mu_{g2g} = \cdots = \mu_{grg}$ VS $H_1: \mu_{gjg}$（$j = 1, 2, \cdots, s$）不全相等

设 γ_{ijg} 为行因素的第 i 个水平和列因素的第 j 个水平搭配在一起的交互效应，则检验交互作用时提出的检验假设为：

$H_0: \gamma_{ijg} = 0$ VS $H_1: \gamma_{ijg}$（$i = 1, 2, \cdots, r; j = 1, 2, \cdots, s$）不全是 0

对于双因素等重复试验的方差分析所涉及的若干计算结果，一般通过表 8 - 2 - 3 所示的双因素等重复试验的方差分析表给出.

表 8 - 2 - 3　　　　　　　双因素等重复试验的方差分析

误差来源	平方和	自由度	方差	F 统计量	临界值	p 值
行因子（组间误差）	SSR	$r-1$	MSR	$F_R = \dfrac{MSR}{MSE}$	$F_\alpha(r-1, rs(t-1))$	$P_R = P(F \geq F_{R_0})$
列因子（组间误差）	SSC	$s-1$	MSC	$F_C = \dfrac{MSC}{MSE}$	$F_\alpha(s-1, rs(t-1))$	$P_C = P(F \geq F_{C_0})$
交互作用	$SSRC$	$(r-1)(s-1)$	$MSRC$	$F_{RC} = \dfrac{MSRC}{MSE}$	$F_\alpha((r-1)(s-1), rs(t-1))$	$P_{RC} = P(F \geq F_{RC_0})$

续表

误差来源	平方和	自由度	方差	F 统计量	临界值	p 值
组内 （随机误差）	SSE	$rs\,(t-1)$	MSE			
总和	SST	$n-1$				

表 8 - 2 - 3 中，F_{R_0} 表示样本观察值代入 F 统计量 F_R 后所得的样本值，F_{C_0} 和 F_{RC_0} 类似得到. 总平方和 $SST = \sum\limits_{k=1}^{t} \sum\limits_{j=1}^{s} \sum\limits_{i=1}^{r} (X_{ijk} - \bar{X})^2$，行因素效应平方和 $SSR = \sum\limits_{k=1}^{t} \sum\limits_{j=1}^{s} \sum\limits_{i=1}^{r} (\bar{X}_{igg} - \bar{X})^2$，列因素效应平方和 $SSC = \sum\limits_{k=1}^{t} \sum\limits_{j=1}^{s} \sum\limits_{i=1}^{r} (\bar{X}_{gjg} - \bar{X})^2$，交互作用 $SSRC = \sum\limits_{k=1}^{t} \sum\limits_{j=1}^{s} \sum\limits_{i=1}^{r} (\bar{X}_{ijg} - \bar{X}_{igg} - \bar{X}_{gjg} + \bar{X})^2$，误差平方 $SSE = \sum\limits_{k=1}^{t} \sum\limits_{j=1}^{s} \sum\limits_{i=1}^{r} (X_{ijt} - \bar{X}_{ij.})^2$，$MSR = SSR/(r-1)$，$MSC = SSC/(s-1)$，$MSRC = SSRC/(r-1)(s-1)$，$MSE = SSE/rs\,(t-1)$，可以证明：$SST = SSR + SSC + SSRC + SSE$. 如果 F 统计量大于临界值或者 p 值 $= P(F \geqslant F_{R_0})$ 小于给定的显著性水平 α，就拒绝原假设 H_0：$\mu_{1gg} = \mu_{2gg} = \cdots = \mu_{rgg}$，即认为 μ_{igg} 不全相等（$i = 1, 2, \cdots, r$），反之可以认为 $\mu_{1gg} = \mu_{2gg} = \cdots = \mu_{rgg}$，其他类似可得.

【实验过程】

（1）Excel 实现.

在 Excel 的主菜单上单击【数据】/【数据分析】/【方差分析】/【等重复双因素分析】，如图 8 - 2 - 1 所示，本题等重复的次数为 2，需要在"每一样本的行数"输入 2，单击【确定】，得到表 8 - 2 - 4.

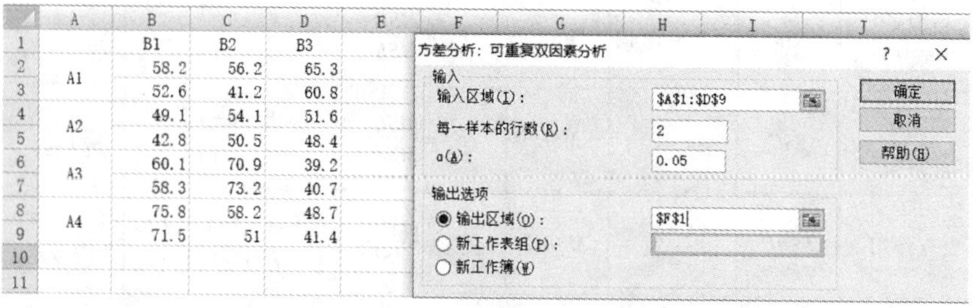

图 8 - 2 - 1　等重复方差分析操作过程

表 8 - 2 - 4 等重复方差分析

差异源	SS	df	MS	F	p 值	F 临界值
样本	261.675	3	87.225	4.417387635	0.025968962	3.490294819
列	370.9808333	2	185.490417	9.393901667	0.003506027	3.885293835
交互	1768.6925	6	294.782083	14.92882465	6.15115E - 05	2.996120378
内部	236.95	12	19.7458333			
总计	2638.298333	23				

表 8 - 2 - 4 中的"样本"表示因素 A（燃料），"列"表示因素 B（推进器），"交互"表示因素 A 与因素 B 的交互作用，"内部"表示误差，"样本"所在一行的 F 值为 4.417387635，其对应的 p 值为 0.025968962，小于给定的显著性水平 α（$\alpha = 0.05$），因此拒绝燃料对射程没有显著影响的原假设，即认为不同燃料对射程有显著影响；同理，"列"所在一行的 F 值为 9.393901667，其对应的 p 值为 0.003506027，小于给定的显著性水平 α（$\alpha = 0.05$），因此拒绝推进器对射程没有显著影响的原假设，即认为不同推进器对射程有显著影响；"交互"所在一行 F 值为 14.92882465，其对应的 p 值为 6.15115×10^{-5}，小于给定的显著性水平 α（$\alpha = 0.05$），因此拒绝燃料和推进器的交互作用对射程没有显著影响的原假设，即认为不同燃料和不同推进器对射程有显著影响. 如果采用临界值法，我们也可以得到同样的结论，"样本"所在一行的 F 值为 4.417387635，其对应的 F 临界值为 3.490294819，F 值 > F 临界值，因此拒绝燃料对射程没有显著影响的原假设，即认为不同燃料对射程有显著影响，其他类似分析.

（2）R 语言实现.

双样本等重复方差分析的 R 语言实现代码及运行结果如下：

```
> x = c(58.2,56.2,65.3,52.6,41.2,60.8,49.1,54.1,51.6,42.8,50.5,48.4,
+      60.1,70.9,39.2,58.3,73.2,40.7,75.8,58.2,48.7,71.5,51,41.4)
> A = gl (4, 6)
> B = gl (3, 1, 24)
> fit = aov (x ~ A + B + A: B)
> summary (fit)
```

	Df	SumSq	Mean Sq	F value	Pr（>F）
A	3	261.7	87.23	4.417	0.02597 *
B	2	371.0	185.49	9.394	0.00351 **
A：B	6	1768.7	294.78	14.929	6.15e-05 ***
Residuals	12	237.0	19.75		

– – –

Signif. codes： 0 '***' 0.001 '**' 0.01 '*' 0.05 '.' 0.1 ' ' 1

【巩固练习】

一家超市连锁店进行了一项调查，想确定超市所在的位置和竞争者的数量对销售额是否有显著影响，从而找到最佳的新店开设位置. 该研究将超市位置按商业区、居民小区和写字楼分成 3 类，并在不同的位置分别抽取 3 家超市，竞争者的数量按 0、1 家、2 家和 3 家及以上分成 4 类，由此独立地观测到的年销售额数据如表 8-2-5 所示.

表 8-2-5　　　　　不同类别超市的年销售额　　　　　单位：万元

超市位置	竞争者数量			
	0	1家	2家	3家及以上
商业区	410	380	590	470
	300	310	480	400
	450	390	510	390
居民小区	250	290	440	430
	310	350	480	420
	220	300	500	530
写字楼	180	220	290	240
	290	170	280	270
	330	250	260	320

试采用有交互作用的双因素方差分析法，判断超市位置和竞争者数量及两者的交互作用对超市的销售额是否有显著的影响（显著性水平 $\alpha = 0.05$）. 如果有显著差异，为该连锁超市找到最佳的新店开设方案.

实验三 双因素无重复试验的方差分析

【实验目的】

(1) 掌握双因素无重复方差分析原理.
(2) 理解双因素等重复方差分析的前提条件.

【实验要求】

(1) 掌握双因素无重复方差分析的理论方法.
(2) 会对方差分析模型作参数检验和模型评价.

【实验内容】

某 5 个不同地点、不同时间空气中的颗粒状物（以 mg/m^3 计）的含量的数据如表 8 – 3 – 1 所示.

表 8 – 3 – 1　　　不同地点和不同时间的空气中的颗粒状物的含量　　　单位：mg/m^3

因素 A（时间）	因素 B（地点）				
	1	2	3	4	5
1975 年 10 月	76	67	81	56	51
1976 年 1 月	82	69	96	59	70
1976 年 5 月	68	59	67	54	42
1996 年 8 月	63	56	64	58	37

假设本题符合双因素无重复试验方差分析的条件，试在显著性水平 $\alpha = 0.05$ 下检验：在不同时间下颗粒状物含量的均值有无显著差异？在不同地点下颗粒状物含量的均值有无显著差异？

【实验原理】

双因素无重复试验的方差分析的数据一般按表 8 – 3 – 2 形式排列。其中：X_{ij}（$i = 1, 2, \cdots, r; j = 1, 2, \cdots, s$）表示样本观测值，$A_i$（$i = 1$,

2，$\cdots$，r）表示因素 A 的各个水平，这里一共有 r 个水平；B_j（$j=1$，2，$\cdots$，s）表示因素 B 的各个水平，这里一共有 s 个水平；每个 A_i 和 B_j 搭配下只有 1 个观测值.

表 8 - 3 - 2   双因素无重复试验的方差分析的数据结构

行因子（A）	列因子（B）				均值
	B_1	B_2	$\cdots$	B_s	
A_1	X_{11}	X_{12}	$\cdots$	X_{1s}	$\overline{X}_{1g}$
A_2	X_{21}	X_{22}	$\cdots$	X_{2s}	$\overline{X}_{2g}$
$\vdots$	$\vdots$	$\vdots$		$\vdots$	$\vdots$
A_r	X_{r1}	X_{r2}	$\cdots$	X_{rs}	$\overline{X}_{rg}$
均值	$\overline{X}_{g1}$	$\overline{X}_{g2}$	$\cdots$	$\overline{X}_{gs}$	$\overline{X}$

设 μ_{igg} 为行因素的第 i 个水平对应的总体均值，则检验行因素时提出的检验假设为：

$H_0 : \mu_{1gg} = \mu_{2gg} = \cdots = \mu_{sgg}$ VS $H_1 : \mu_{igg}$（$i=1$，2，$\cdots$，r）不全相等

设 μ_{gjg} 为列因素的第 j 个水平对应的总体均值，则检验列因素时提出的检验假设为：

$H_0 : \mu_{g1g} = \mu_{g2g} = \cdots = \mu_{grg}$ VS $H_1 : \mu_{gjg}$（$j=1$，2，$\cdots$，s）不全相等

对于双因素无重复试验的方差分析所涉及的若干计算结果，一般通过表 8 - 3 - 3 所示的双因素无重复试验的方差分析表给出.

表 8 - 3 - 3   双因素无重复试验的方差分析

误差来源	平方和	自由度	方差	F 统计量	F 临界值	p 值
行因子（组间误差）	SSR	$r-1$	MSR	$F_R = \dfrac{MSR}{MSE}$	$F_\alpha(r-1,$ $(r-1)(s-1))$	$P_R =$ $P(F \geqslant F_{R_0})$
列因子（组间误差）	SSC	$s-1$	MSC	$F_C = \dfrac{MSC}{MSE}$	$F_\alpha(s-1,$ $(r-1)(s-1))$	$P_C =$ $P(F \geqslant F_{C_0})$
组内（随机误差）	SSE	$(r-1)$ $(s-1)$	MSE			
总和	SST	$n-1$				

表 8 - 3 - 3 中，F_{R_0} 表示样本观察值代入 F 统计量 F_R 后所得的样本值，F_{C_0} 类似可得. 总平方和 $SST = \displaystyle\sum_{j=1}^{s} \sum_{i=1}^{r} (X_{ijk} - \overline{X})^2$，行因素效应平方和 SSR

$$= \sum_{j=1}^{s} \sum_{i=1}^{r} (\overline{X}_{ig} - \overline{X})^2 \text{，列因素效应平方和} SSC = \sum_{j=1}^{s} \sum_{i=1}^{r} (\overline{X}_{gj} - \overline{X})^2 \text{，误差平}$$

$$\text{方和} SSE = \sum_{j=1}^{s} \sum_{i=1}^{r} (X_{ij} - \overline{X}_{ig} - \overline{X}_{gj} + \overline{X})^2 \text{，} MSR = SSR/(r-1) \text{，} MSC = SSC/$$

$(s-1)$，$MSE = SSE/(r-1)(s-1)$. 可以证明：$SST = SSR + SSC + SSE$. 如果 F 统计量大于临界值或者 p 值 $= P(F \geqslant F_{R_0})$ 小于给定的显著性水平 α，就拒绝原假设 H_0：$\mu_{1g} = \mu_{2g} = \cdots = \mu_{rg}$，即认为 μ_{ig} 不全相等（$i = 1, 2, \cdots, r$），反之可以认为 $\mu_{1g} = \mu_{2g} = \cdots = \mu_{rg}$，其他类似可得.

【实验过程】

（1）Excel 实现.

在 Excel 的主菜单上单击【数据】/【数据分析】/【方差分析】/【无重复双因素分析】，如图 8-3-1 所示，得到表 8-3-4 的数据分析结果.

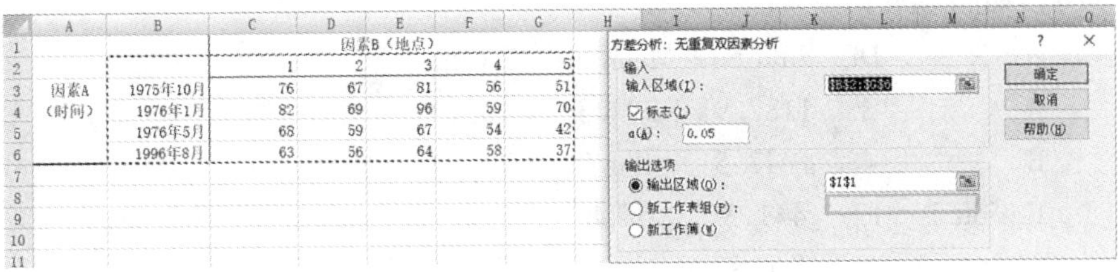

图 8-3-1　双因素无重复试验的方差分析操作过程

表 8-3-4　　　　　　　双因素无重复试验的方差分析

差异源	SS	df	MS	F	p 值	F 临界值
行	1182.95	3	394.3167	10.72241	0.001033	3.490295
列	1947.5	4	486.875	13.23929	0.000234	3.259167
误差	441.3	12	36.775			
总计	3571.75	19				

表 8-3-4 中，"行"表示因素 A（时间），"列"表示因素 B（地点），由"行"这一行所对应的 F 值为 10.72241，p 值为 0.001033，小于给定的显著性水平 α（$\alpha = 0.05$），因此拒绝时间对颗粒状物含量的均值的无显著影响的原假设，即认为不同时间下颗粒状物含量的均值有显著差异. 同理，由"列"这一行所对应的 F 值为 13.23929，p 值为

0.000234，小于给定的显著性水平 α（$\alpha = 0.05$），因此，拒绝地点对颗粒状物含量的均值的无显著影响的原假设，即认为不同地点下颗粒状物含量的均值有显著差异．如果采用临界值法，可以得到同样的结论，由"行"这一行所对应的 F 值为 10.72241，F 临界值为 3.490295，F 值 > F 临界值，因此，拒绝时间对颗粒状物含量 F 统计计量值均值的无显著影响的原假设，即认为不同时间下颗粒状物含量的均值有显著差异，其他类似分析．

（2）R 语言实现．

双样本无重复方差分析的 R 语言实现代码及运行结果如下：

```
> x = c(76,67,81,56,51,82,69,96,59,70,68,59,67,54,42,63,56,64,
58,37)
> A = gl(4,5)
> B = gl(5,1,20)
> fit = aov(x ~ A + B)
> summary(fit)
          Df   Sum Sq   Mean Sq   F value
A         3    1182.9   394.3     10.72
B         4    1947.5   486.9     13.24
Residuals 12   441.3    36.8
               Pr( >F)
A              0.001033 **
B              0.000234 ***
Residuals
- - -
Signif. codes：
  0 '***' 0.001 '**' 0.01 '*' 0.05
'.' 0.1 ' ' 1
```

【巩固练习】

在一次职工收入水平调查中，采集了甲、乙、丙、丁四个城市的 A、B、C、D、E 五类职业月收入数据，具体如表 8 – 3 – 5 所示．

职业	城市			
	甲	乙	丙	丁
A	3530	3590	3310	3650
B	3910	3890	3810	3010
C	3450	3410	3210	3530
D	3200	3310	3230	3300
E	3050	3030	3310	3010

表 8 − 3 − 5　　　某四城市五类职业的月收入情况　　　单位：元

　　试采用无交互作用的双因素方差分析法判断城市和职业类型这两个因素对职工收入是否有显著影响（显著性水平 $\alpha = 0.05$）．

第九章　回归分析

实验一　一元线性回归

【实验目的】

(1) 掌握回归模型的经典假设.
(2) 会对回归模型的参数进行估计.

【实验要求】

(1) 估计回归模型的参数.
(2) 检验回归模型的拟合优度.
(3) 检验回归模型的误差假定的合理性.

【实验内容】

为研究某一化学反应过程中，温度 x（℃）对产品得率 Y（%）的影响，测得数据如表 9 - 1 - 1 所示.

表 9 - 1 - 1　　　　　　　不同温度下产品的得率

温度 x（℃）	100	110	120	130	140	150	160	170	180	190
得率 Y（%）	45	51	54	61	66	70	74	78	85	89

要求：

（1）在直角坐标下画出 x 与 Y 的散点图，判断 Y 与 x 是否线性相关.

（2）求线性回归方程 $\hat{y} = \hat{\beta}_0 + \hat{\beta}_1 x$.

（3）求 ε 的方差 σ^2 的无偏估计.

（4）检验假设 $H_0: \beta_1 = 0$，$H_1: \beta_1 \neq 0$，取 $\alpha = 0.1$.

（5）若回归效果显著，求 β_1 的置信水平为 0.9 的置信区间.

（6）评价模型的拟合优度（从判定系数和估计的标准误差方面来分析）.

（7）检验残差（从正态性、零均值、同方差方面来分析）.

（8）当 $x_0 = 125$ 时，求均值 $E(Y_0)$ 的置信水平为 0.95 的置信区间.

（9）当 $x_0 = 125$ 时，求个别值 Y_0 的置信水平为 0.95 的预测区间.

【实验原理】

1. 回归模型的基本假定

一元线性回归模型 $Y = \beta_0 + \beta_1 x + \varepsilon$，其中 $\varepsilon \sim N(0, \sigma^2)$. 此模型表示因变量 Y 的取值由两部分构成. 一部分是 $\beta_0 + \beta_1 x$，反映了自变量 x 的变动引起的线性变化；另一部分是剩余变动 ε，反映了不能由自变量 x 与因变量 Y 之间的线性关系解释的其他剩余的变异.

在理论上，回归分析总是假定公式 $Y = \beta_0 + \beta_1 x + \varepsilon$ 具有统计显著性，即 $\beta_0 + \beta_1 x$ 有效地解释了因变量 Y 的变动，剩余变动 ε 为不可观测的随机误差. 这时，需要做如下假定：

（1）零均值假定：对于一个特定的 x，随机误差项 ε 的数学期望（均值）为 0，即 $E(\varepsilon) = 0$. 这个假定意味着，对于每一个特定的 x，有 $E(Y) = \beta_0 + \beta_1 x$. 因此，给定 x 值，虽然不能唯一确定 Y，但能确定在同一个 x 值下 Y 的平均值，它和 x 是确定的直线关系. 回归分析的目的就是要估计这条回归直线，它是 Y 和 x 之间真实的回归直线.

（2）方差齐性假定：对于一个特定的 x，随机误差项 ε 的方差都相同，是同一个常数 σ^2，即 $D(\varepsilon) = \sigma^2$. 这也意味着对于每一个特定的 x 值，Y 的方差都是 σ^2.

（3）序列不相关性的假定：对于一个特定的 x，它所对应的随机误差项 ε 与其他 x 值对应的随机误差项 ε 是不相关的. 这一假定也意味着，对于一个特定的 x 值，它所对应的 Y 值与其他 x 值对应的 Y 值也不相关.

（4）正态性假定：对于每一个给定的 x 值，随机误差项 ε 都服从正态分布. 结合零均值假定和方差齐性假定，有 $\varepsilon \sim N(0, \sigma^2)$. 这一假定也意味着，对于每一个给定的 x 值，Y 也都服从正态分布，即 $Y \sim N(\beta_0 + \beta_1 x, \sigma^2)$．回归模型的假定可以用图 9-1-1 直观表示．

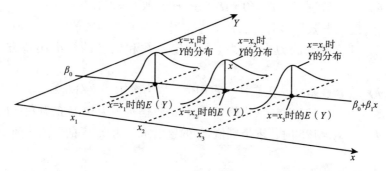

图 9-1-1　回归模型假定可视化

从图 9-1-1 可以看出，$E(Y)$ 的值随着 x 的不同而变化，但无论 x 怎么变化，Y 和 ε 的分布都是正态分布，并且具有相同的方差（正态分布的密度函数的形状是一样的）．

2. 回归模型的显著性检验

由于回归模型有以上的假定，因此，建立回归方程后，需要对回归方程进行如下的检验和评价：

（1）回归效果的显著性检验．

建立假设 $H_0: \beta_1 = 0$，$H_1: \beta_1 \neq 0$．其检验统计量为 $F = \dfrac{SSR/1}{SSE/(n-2)} = \dfrac{MSR}{MSE} \sim F(1, \ n-2)$．

（2）回归系数的显著性检验．

建立假设 $H_0: \beta_1 = 0$，$H_1: \beta_1 \neq 0$．其检验统计量为 $t = \dfrac{\hat{\beta}_1 - \beta_1}{\hat{\sigma}_{\hat{\beta}_1}} \sim t(n-2)$，其中 $\hat{\sigma}_{\hat{\beta}_1}$ 为 $\hat{\beta}_1$ 的估计的标准误差．

在一元回归中，回归效果检验与回归系数检验是一回事，但在多元回归中，两者是不等价的．

3. 回归直线的拟合优度评价

回归直线与各观测点的接近程度称为回归直线对数据的拟合优度（goodness of fit）．为说明直线的拟合优度，需要计算判定系数或者估计的标准误差．

（1）判定系数（coefficient of determination）．

因变量 y 的取值是不同的，y 取值的这种波动称为变差（变异），变差的大小可以用实际观测值 y 与其均值 $\bar{y}$ 之差 $(y - \bar{y})$ 来表示，而 n 次观测值的总变差可由这些离差的平方和（sum of squares of total，SST）$\sum\limits_{i=1}^{n}(y_i - \bar{y})^2$ 来表示；回归平方和（sum of squares of regression，SSR）$\sum\limits_{i=1}^{n}(\hat{y}_i - \bar{y})^2$ 表示自变量 x 的变化对因变量 y 取值变化的影响，或者说，是由于 x 与 y 之间的线性关系引起的 y 的取值变化，它是可以由回归直线来解释的 y_i 变差部分（因为 $\hat{y}_i = \hat{\beta}_0 + \hat{\beta}_1 x_i$），也称为可解释的平方和；残差平方和（sum of squares of error，SSE）表示除 x 对 y 的线性影响之外的其他因素引起的 y 的变化部分，是不能由回归直线来解释的 y_i 变差部分，也称为不可解释的平方和或剩余平方和，可以证明：

$$\sum_{i=1}^{n}(y_i - \bar{y})^2 = \sum_{i=1}^{n}(\hat{y}_i - \bar{y})^2 + \sum_{i=1}^{n}(y_i - \hat{y}_i)^2$$

即总平方和 = 回归平方和 + 残差平方和．

判定系数就是回归平方和占总平方和的比例，即

$$R^2 = \frac{SSR}{SST} = \frac{\sum\limits_{i=1}^{n}(\hat{y}_i - \bar{y})^2}{\sum\limits_{i=1}^{n}(y_i - \bar{y})^2} = 1 - \frac{\sum\limits_{i=1}^{n}(y_i - \hat{y}_i)^2}{\sum\limits_{i=1}^{n}(y_i - \bar{y})^2}$$

（2）估计的标准误差（standard error of estimate）．

$$\hat{\sigma} = \sqrt{\frac{\sum\limits_{i=1}^{n}(y_i - \hat{y}_i)^2}{n-2}} = \sqrt{\frac{SSE}{n-2}} = \sqrt{MSE}$$

估计的标准误差是对误差项 ε 的标准差 σ 的估计，它可以看作在排除了 x 对 y 的线性影响后，y 随机波动大小的一个估计量，从估计标准误差的实际意义来看，它反映了用估计的回归方程预测因变量 y 时预测误差的大小．若各观测点越靠近直线，$\hat{\sigma}$ 越小，回归直线对各观测点的代表性就越好，根据估计的回归方程进行预测也就越准确．若各观测点全部落在直线上，则 $\hat{\sigma} = 0$，此时用自变量来预测因变量是没有误差的．可见，$\hat{\sigma}$ 也从另一个角度说明了回归直线的拟合优度．

4. 残差分析

线性回归模型的参数估计是建立在一些基本假定的基础上的，只有当这些基本假定满足时，估计的回归模型才具有统计意义．残差的零均值、方差齐性、正态性、序列不相关性（时间序列的数据需要检验，横截面数据一般不需要检验），可以通过自变量与残差的散点图或者自变量与标准

残差的散点图来检验，也可以通过预测值与残差的散点图或者预测值与标准残差的散点图来检验，其图形可能会出现图 9 - 1 - 2 中的三种模式．如果出现（a）模式，则表示满足零均值和方差齐性；如果出现（b）模式，则表示方差随着自变量的增加而增加，呈喇叭形，意味着方差为异方差，而不是常数方差；如果出现模式（c），则表示线性模型假定不合适，可能二次方模型更合适．如果标准化残差中大约有 95% 落在（-2，2），可以认为残差满足正态性．

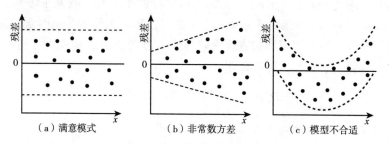

（a）满意模式　　　　（b）非常数方差　　　　（c）模型不合适

图 9 - 1 - 2　残差图可能的模式

5. 预测

如果回归方程检验和评价都通过了，接下去的任务就是预测，无论是均值预测（mean prediction）或者是个值预测（individual prediction），其预测值都是一样的，都是根据预测方程 $\hat{y} = \hat{\beta}_0 + \hat{\beta}_1 x$ 得到的，只不过其预测区间不一样，习惯上均值的预测区间叫作置信区间，个值的预测区间仍叫作预测区间，其具体公式如下：

（1）均值的置信水平为 $1 - \alpha$ 置信区间：

$$\hat{y}_0 \pm t_{\alpha/2}(n-2)\hat{\sigma}\sqrt{\frac{1}{n} + \frac{(x_0 - \overline{x})^2}{\sum\limits_{i=1}^{n}(x_i - \overline{x})^2}}$$

（2）个别值的置信水平为 $1 - \alpha$ 预测区间：

$$\hat{y}_0 \pm t_{\alpha/2}(n-2)\hat{\sigma}\sqrt{1 + \frac{1}{n} + \frac{(x_0 - \overline{x})^2}{\sum\limits_{i=1}^{n}(x_i - \overline{x})^2}}$$

以上两式中，$t_{\alpha/2}(n-2)$ 为 t 分布的上 α 分位数，$\hat{\sigma}$ 为回归模型的估计的标准误差，$\overline{x}$ 为样本均值，$\sum\limits_{i=1}^{n}(x_i - \overline{x})^2$ 为样本方差的 $(n-1)$ 倍．

【实验过程】

1. Excel 实现

作散点图, 单击 Excel 工具栏中的【插入】, 选择【散点图】, 得到图 9 – 1 – 3.

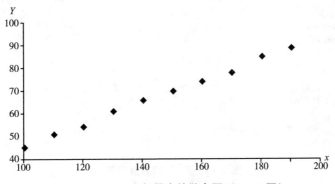

图 9 – 1 – 3 温度与得率的散点图 (Excel 图)

由图 9 – 1 – 3 可得, 温度与得率的关系是线性相关关系, 适合拟合一元线性模型. 单击 Excel 工具栏中的【数据】, 选择【数据分析】, 如图 9 – 1 – 4 所示, 选择【回归】, 单击【确定】.

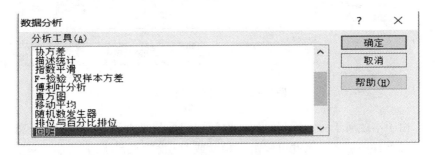

图 9 – 1 – 4 数据分析工具

设置的参数如图 9 – 1 – 5 所示, 单击【确定】, 得到数据分析结果, 如图 9 – 1 – 6 所示.

由图 9 – 1 – 6 可得:

(1) 线性回归方程 $\hat{y} = -2.739 + 0.483x$, 表示温度每增加一个单位, 得率平均值增加 0.483 个单位.

（2）ε 的方差 σ^2 的无偏估计 $\hat{\sigma}^2 = 0.95027907^2 = 0.90303$.

（3）检验假设 $H_0: \beta_1 = 0$，$H_1: \beta_1 \neq 0$，取 $\alpha = 0.05$.

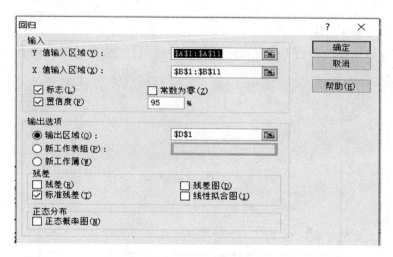

图 9 – 1 – 5　回归参数设置框

	A	B	C	D	E	F	G	H	I	J
1	得率Y（%）	温度x（℃）		SUMMARY OUTPUT						
2	45	100								
3	51	110		回归统计						
4	54	120		Multiple R	0.998128718					
5	61	130		R Square	0.996260938					
6	66	140		Adjusted R Square	0.995793555					
7	70	150		标准误差	0.950279066					
8	74	160		观测值	10					
9	78	170								
10	85	180		方差分析						
11	89	190			df	SS	MS	F	Significance F	
12				回归分析	1	1924.87576	1924.875758	2131.5738	5.35253E-11	
13				残差	8	7.22424242	0.903030303			
14				总计	9	1932.1				
15										
16				系数估计表						
17					Coefficients	标准误差	t Stat	P-value	Lower 95%	Upper 95%
18				Intercept	-2.739393939	1.54649994	-1.771350818	0.1144502	-6.305629201	0.826841323
19				温度	0.483030303	0.01046223	46.16897038	5.353E-11	0.458904362	0.507156244
20										

图 9 – 1 – 6　回归分析结果

　　由于本题属于一元回归模型，检验回归系数是否显著与检验回归效果是否显著是一回事，因此可以由 F 检验或者 t 检验来判断. F 检验，只需看图 9 – 1 – 6 中的方差分析表，表中 F 所在列为 F 统计量值，significance F 所在列为 p 值，由此可见，F 统计量值 $= 2131.574$，其对应的 p 值 $= 5.352253 \times 10^{-11} < a = 0.05$. 因此，拒绝 $H_0: \beta_1 = 0$，即认为回归效果显著；t 检验，只需看图 9 – 1 – 6 中的系数估计表，表中回归系数所在行的 t 统计量 $|t| = 46.16897$，其对应的 p 值为 5.35×10^{-11} 小于给定的显著性水平 $\alpha = 0.05$，拒绝 $H_0: \beta_1 = 0$，即认为回归效果显著.

　　（4）回归系数 b 的置信水平为 0.95 的置信区间，只需看图 9 – 1 – 6 中的系数估计表内系数估计所在行的置信区间，因此，回归系数 β_1 的置信水平为 0.95 的置信区间为 (0.4589, 0.5072).

（5）模型评价可以从判定系数和回归模型估计的标准误差来衡量，由于判定系数 $R^2 = 0.9963$，表示在得率取值的变差（变异、波动）中，有 99.63% 可以由得率与温度之间的线性关系来解释，或者说，在得率取值的变动中，有 99.63% 是由温度所决定的，可见得率与温度之间有非常强的线性关系．又由于回归模型估计的标准误差 $\hat{\sigma} = 0.9503$，表示用温度与得率的回归方程来估计得率时，平均的估计误差为 0.9503 个单位，估计误差非常小，因此模型拟合得比较好．

（6）残差分析．将残差进行标准化，就得到标准残差，将自变量和标准残差作散点图，得到图 9 - 1 - 7.

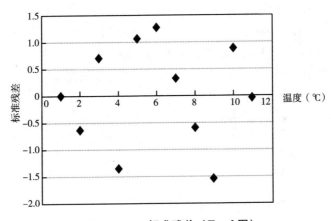

图 9 - 1 - 7　标准残差（Excel 图）

图 9 - 1 - 7 中，横坐标表示温度，纵坐标表示标准残差，由图 9 - 1 - 7 可得，标准残差几乎在零均值上下随机分布，因此，可以认为误差服从零均值，同方差的假定．由于大约有 95% 的标准残差在 -2 ~ +2 之间，因此，可以认为误差项服从正态分布这一假定．

（7）预测．预测包括均值的预测值以及置信区间、个值的预测值以及预测区间，计算过程如图 9 - 1 - 8 所示．

由图 9 - 1 - 8 可得，均值预测值 $E(Y_0)$ 和个值预测值 Y_0 都是将 $x = 125$ 代入预测方程 $\hat{y} = -2.739 + 0.483x$，因此都等于 57.63939，但均值 $E(Y_0)$ 的置信水平为 0.95 的置信区间为 (56.7950, 58.4838)，个别值 Y_0 的置信水平为 0.95 的预测区间为 (55.2910, 59.9878).

	D	E	F	G	H	I		K	L	M	N
1	SUMMARY OUTPUT			预测值 $\hat{y}_0$	57.639394	=E17+125*E18	置信区间半径	0.844407951	=H2*H3*SQRT(1/10+H6/H8)		
2				$t_{\alpha/2}(n-2)$	2.3060041	=TINV(0.025,8)	均值置信区间下限	56.79498599	=H1-K1		
3	回归统计			$\hat{\sigma}$	0.9502791	=E7	均值置信区间上限	58.48380189	=H1+K1		
4	Multiple R	0.998128718		$\bar{x}$	145	=AVERAGE(B2:B11)	预测区间半径	2.348409772	=H2*H3*SQRT(1+1/10+H6/H8)		
5	R Square	0.996260938		$(x_0-\bar{x})^3$	400	=(125-H4)^2	个值预测下限	55.29098417	=H1-K4		
6	Adjusted R Square	0.995793555					个值预测上限	59.98780371	=H1+K4		
7	标准误差	0.950279066		$\sum_{i=1}^{n}(x_i-\bar{x})^2$	8250	=(10-1)*VAR(B2:B11)					
8	观测值	10									
9											
10	方差分析										
11		df	SS	MS	F	Significance F					
12	回归分析	1	1924.87576	1924.875758	2131.5738	5.35253E-11					
13	残差	8	7.22424242	0.903030303							
14	总计	9	1932.1								
15											
16		Coefficients	标准误差	t Stat	P-value	Lower 95%	Upper 95%	下限 95.0%	上限 95.0%		
17	Intercept	-2.739393939	1.54649994	-1.771350818	0.1144502	-6.305629201	0.826841323	-6.305629201	0.826841323		
18	温度	0.483030303	0.01046223	46.16897038	5.353E-11	0.458904362	0.507156244	0.458904362	0.507156244		

图 9 - 1 - 8　均值预测、置信区间、个值预测、预测区间的计算过程

2. R 语言实现

接下来我们用 R 语言进行回归分析，首先同样先作 x 与 Y 的散点图（见图 9 - 1 - 9），用 plot 函数实现：

```
> x = seq(100,190,10)
> y = c(45,51,54,61,66,70,74,78,85,89)
> plot(x,y,pch = 23,bg = "blue",main = "得率与温度")
```

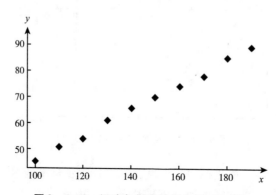

图 9 - 1 - 9　温度与得率的散点图（R 图）

然后可以看到，R 语言做的散点图与 Excel 做的散点图是一致的．用 R 语言中的 lm 函数进行回归分析，用 summary 提取回归信息，具体代码及运行结果如下：

```
> fm = lm(y ~ x)
> summary(fm)
```

Call：

lm(formula = y ~ x)

Residuals：

Min	1Q	Median	3Q	Max
−1.3758	−0.5591	0.1242	0.7470	1.1152

Coefficients：

	Estimate	Std. Error	t − value	Pr(> |t|)	
(Intercept)	−2.73939	1.54650	−1.771	0.114	
x	0.48303	0.01046	46.169	5.35e−11	***

− − −

Signif. codes：0 ' *** ' 0.001 ' ** ' 0.01 ' * ' 0.05 '.' 0.1 ' ' 1

Residual standard error：0.9503 on 8 degrees of freedom

Multiple R-squared：0.9963, Adjusted R-squared：0.9958

F-statistic：2132 on 1 and 8 DF, p-value：5.353e−11

为了检验残差的性质，作标准残差图（见图 9 − 1 − 10）. 用 rstandard 函数对残差进行标准化，具体的代码及运行结果如下：

> plot(x, rstandard(fm), main = "标准残差图", xlab = "温度", ylab = "标准残差", pch = 23, bg = "blue")

> abline(h = 0)

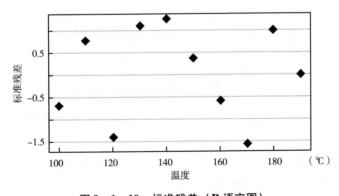

图 9 − 1 − 10　标准残差（R 语言图）

最后我们用 R 求置信区间和预测区间，R 语言中置信区间和预测区间均可使用 predict 函数，只要将参数 interval 分别设置为 confidence 和 prediction. 具体代码及运行结果如下：

> new = data. frame(x = 125)

> predict(fm, new, interval = "confidence")
              fit   lwr   upr
1 57.63939   56.79499   58.4838
> predict(fm, new, interval = "prediction")
              fit   lwr   upr
1 57.63939   55.29098   59.9878

【巩固练习】

　　某企业为研究公司的产品销售额与产品广告费用的关系，研究人员随即收集了该企业近 20 个月的产品广告费用与销售额的数据，如表 9 - 1 - 2 所示．试对该企业产品销售额与产品广告费用之间的关系做简要分析．

表 9 - 1 - 2　　　　某企业 20 个月的产品广告收入与销售额数据　　　单位：万元

月份编号	广告费用	销售额	月份编号	广告费用	销售额
1	40.0	588.0	11	42.5	651.4
2	18.0	286.8	12	16.2	310.0
3	61.0	902.3	13	58.3	760.3
4	12.5	154.4	14	11.0	253.7
5	45.0	603.5	15	47.8	717.7
6	23.5	394.8	16	21.5	366.3
7	55.5	821.2	17	53.1	704.0
8	33.5	556.6	18	32.0	428.6
9	26.5	409.2	19	26.8	322.6
10	34.5	572.9	20	37.3	535.1

要求：

（1）在直角坐标下画出自变量产品广告费用 x 与因变量销售额 Y 的散点图，判断 Y 与 x 是否线性相关．

（2）求线性回归方程 $\hat{y} = \hat{\beta}_0 + \hat{\beta}_1 x$．

（3）求 ε 的方差 σ^2 的无偏估计．

（4）检验假设 $H_0 : \beta_1 = 0$，$H_1 : \beta_1 \neq 0$，取 $\alpha = 0.05$．

（5）若回归效果显著，求 β_1 的置信水平为 0.95 的置信区间．

（6）评价模型的拟合优度（从判定系数和估计的标准误差方面来分析）．

（7）检验残差（从正态性、零均值、同方差方面来分析）．

（8）当 $x_0 = 35$ 时，求均值 $E(Y_0)$ 的置信水平为 0.95 的置信区间.

（9）当 $x_0 = 35$ 时，求个别值 Y_0 的置信水平为 0.95 的预测区间.

实验二　曲线回归

【实验目的】

（1）掌握非线性回归模型转换为线性回归方法.

（2）理解曲线回归模型的常见方程形式.

【实验要求】

（1）掌握线性回归分析的理论方法.

（2）会选择合适的曲线回归模型进行建模.

【实验内容】

表 9 - 2 - 1 是 1957 年美国旧桥车价格的调查资料，今以 x 表示桥车的使用年数，Y 表示相应的平均价格，求 Y 关于 x 的回归方程.

表 9 - 2 - 1　　　　　　　　　　美国旧桥车价格

使用年数 x（年）	1	2	3	4	5	6	7	8	9	10
平均价格 Y（美元）	2651	1943	1494	1087	765	538	484	290	226	204

【实验原理】

非线性回归模型可以划分为本质上的非线性回归模型和形式上的非线性回归模型. 所谓形式上的非线性回归模型是指变量关系形式上虽然呈非线性关系（如二次曲线），但可通过变量变换转化为线性关系，并可最终进行线性回归分析，建立线性模型，此种情形的回归通常定义为曲线回归，常见的曲线回归模型如表 9 - 2 - 2 所示. 本质上非线性关系是指变量关系不仅形式上呈非线性关系，而且也无法通过变量变换转化为线性关系，最终无法进行线性回归分析和建立线性模型，这种情形需要用迭代的方法，在此不作介绍.

表 9 - 2 - 2 　　　　　　　　　　　常见曲线回归模型

模型名称	回归方程	变量变换后的线性方程
二次曲线 （Quadratic）	$y = \beta_0 + \beta_1 x + \beta_2 x^2$	$y = \beta_0 + \beta_1 x + \beta_2 x_1, x_1 = x^2$
复合曲线 （Compound）	$y = \beta_0 \beta_1^x$	$\ln(y) = \ln(\beta_0) + \ln(\beta_1) x$
增长曲线 （Growth）	$y = e^{\beta_0 + \beta_1 x}$	$\ln(y) = \beta_0 + \beta_1 x$
对数曲线 （Logarithmic）	$y = \beta_0 + \beta_1 \ln(x)$	$y = \beta_0 + \beta_1 x_1, x = \ln(x)$
三次曲线 （Cubic）	$y = \beta_0 + \beta_1 x + \beta_2 x^2 + \beta_3 x^3$	$y = \beta_0 + \beta_1 x + \beta_2 x_1 + \beta_3 x_2, x_1 = x^2, x_2 = x^3$
S 曲线 （S）	$y = e^{\beta_0 + \beta_1 / x}$	$\ln(y) = \beta_0 + \beta_1 x_1, x_1 = \dfrac{1}{x}$
指数曲线 （Exponential）	$y = \beta_0 e^{\beta_1 x}$	$\ln(y) = \ln(\beta_0) + \beta_1 x$
逆函数 （Inverse）	$y = \beta_0 + \beta_1 / x$	$y = \beta_0 + \beta_1 x_1, x_1 = \dfrac{1}{x}$
幂函数 （Power）	$y = \beta_0 (x^{\beta_1})$	$\ln(y) = \ln(\beta_0) + \beta_1 x_1, x_1 = \ln(x)$
逻辑函数 （Logistic）	$y = \dfrac{1}{1/\mu + \beta_0 \beta_1{}^x}$	$\ln\left(\dfrac{1}{y} - \dfrac{1}{\mu} \right) = \ln(\beta_0 + \ln(\beta_1) x)$

【实验过程】

以使用年数 x 为横坐标，以平均价格 Y 为纵坐标，作散点图如图 9 - 2 - 1 所示，看起来 Y 与 x 呈指数关系，于是采用指数模型 $y = \beta_0 e^{\beta_1 x} \cdot \varepsilon$，其中 $\ln \varepsilon \sim N(0, \sigma^2)$.

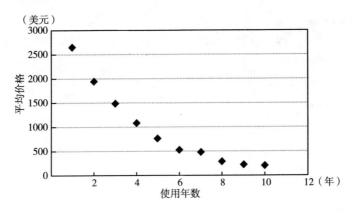

图 9 - 2 - 1 旧桥车价格和使用年数的散点图

由表 9 - 2 - 2 可得，只需将平均价格 Y 取对数，然后以 $\ln(Y)$ 为因变量，使用年数 x 为自变量，作回归.

（1）Excel 实现.

	A	B	C	D	E	F	G	H	I	J	K
1	使用年数x	平均价格Y（美元）	lnY		SUMMARY OUTPUT						
2	1	2651	7.882692			回归统计					
3	2	1943	7.571988		Multiple R	0.996205619					
4	3	1494	7.309212		R Square	0.992425635					
5	4	1087	6.991177		Adjusted R Sq	0.991478839					
6	5	765	6.639876		标准误差	0.083513451					
7	6	538	6.287859		观测值	10					
8	7	484	6.182085								
9	8	290	5.669881		方差分析						
10	9	226	5.420535			df	SS	MS	F	Significance F	
11	10	204	5.31812		回归分析	1	7.310626223	7.31062622	1048.19411	9.02741E-10	
12					残差	8	0.055795972	0.0069745			
13					总计	9	7.366422195				
14											
15						Coefficients	标准误差	t Stat	P-value	Lower 95%	Upper 95%
16					Intercept	8.164584996	0.057050548	143.11142	6.3564E-15	8.033026195	8.296143796
17					使用年数	-0.297680451	0.009194528	-32.375826	9.0274E-10	-0.318883072	-0.27647783

图 9 - 2 - 2 曲线回归的结果

由图 9 - 2 - 2 可得，$\ln \hat{y} = 8.164585 - 0.29768x$，$R^2 = 0.9962$，表示因变量取对数后的变异中有 99.62% 由自变量年数决定的，自变量与取对数后的因变量的线性关系相当强. 另外，自变量（使用年数）所在行的 t Stat（t 统计量）为 -32.3758，对应的 P-value（p 值）为 9.03×10^{-10} 小于给定的显著性水平 $\alpha = 0.05$，因此，线性回归效果是高度显著的. 代回原变量，得曲线回归方程：

$$\hat{y} = \exp(8.164585 - 0.29768x)$$
$$= \exp(8.164585)e^{-0.29768x}$$
$$= 3514.26e^{-0.29768x}$$

（2）R 语言实现.

R 语言实现曲线回归的代码及运行结果如下：

```
> x = 1 : 10
> y = c(2651,1943,1494,1087,765,538,484,290,226,204)
> Lny = log(y)
> fm = lm(Lny ~ x)
> summary(fm)
```

Call：

lm(formula = Lny ~ x)

Residuals：

Min	1Q	Median	3Q	Max
−0. 113260	−0. 057771	0. 009276	0. 032580	0. 130340

Coefficients：

	Estimate	Std. Error	t value	Pr(> |t|)	
(Intercept)	8. 164585	0. 057051	143. 11	6. 36e − 15	***
x	−0. 297680	0. 009195	−32. 38	9. 03e − 10	***

− − −

Signif. codes：

0 ' *** ' 0. 001 ' ** ' 0. 01 ' * ' 0. 05 '. ' 0. 1 ' ' 1

Residual standard error：0. 08351 on 8 degrees of freedom

Multiple R-squared：0. 9924，Adjusted R-squared：0. 9915

F-statistic：1048 on 1 and 8 DF，p-value：9. 027e-10

【巩固练习】

根据文献资料，随着通风时间的增加，密闭空间内污染物的浓度应当呈指数下降，现考察某通风设备的换气效果，在室内放置了某种挥发物（模拟毒物），待其充分分散到室内空气中后开始通风，每隔一分钟测量一次室内空气中的毒物浓度，请建立时间与空气中毒物浓度的指数方程 $y = \beta_0 e^{\beta_1 x} \cdot \varepsilon$，其中 $\ln\varepsilon \sim N(0, \sigma^2)$，数据如表 9 − 2 − 3 所示.

表 9 - 2 - 3		时间与空气中毒物浓度的含量						
通风时间 x	1	2	3	4	5	6	7	8
毒物浓度 y	2.125	1.742	1.236	1.127	0.731	0.469	0.4	0.381
通风时间 x	9	10	11	12	13	14	15	
毒物浓度 y	0.284	0.276	0.062	0.061	0.0408	0.0428	0.0305	

实验三 多元线性回归

【实验目的】

（1）理解多元回归分析的基本假设.
（2）理解多元回归模型参数估计原理.

【实验要求】

（1）会对回归模型进行参数检验.
（2）会对回归模型进行模型评价.

【实验内容】

某种水泥在凝固时放出的热量 y（cal/g）与水泥中 4 种化学成分 x_1、x_2、x_3、x_4 有关，现测得 13 次放出热量的数据（见表 9 - 3 - 1）.

表 9 - 3 - 1			某种水泥在凝固时放出的热量 y		
测量次数	化学成分				y（cal/g）
	x_1	x_2	x_3	x_4	
1	7	26	6	60	78.5
2	1	29	15	52	74.3
3	11	56	8	20	104.3
4	11	31	8	47	87.6
5	7	52	6	33	95.9

续表

测量次数	化学成分				y（cal/g）
	x_1	x_2	x_3	x_4	
6	11	55	9	22	109.2
7	3	71	17	6	102.7
8	1	31	22	44	72.5
9	2	54	18	22	93.1
10	21	47	4	26	115.9
11	1	40	23	34	83.8
12	11	66	9	12	113.3
13	10	68	8	12	109.4

要求：

（1）求线性回归方程 $\hat{y} = \hat{\beta}_0 + \hat{\beta}_0 x_1 + \hat{\beta}_2 x_2 + \hat{\beta}_3 x_3 + \hat{\beta}_4 x_4$.

（2）求 ε 的方差 σ^2 的无偏估计.

（3）检验回归方程的显著性，即检验假设 $H_0: \beta_1 = \beta_2 = \beta_3 = \beta_4 = 0$，$H_1: \beta_1$，$\beta_2$，$\beta_3$，$\beta_4$ 至少有一个 $\neq 0$，取 $\alpha = 0.05$.

（4）检验回归系数的显著性，即检验假设 $H_0: \beta_j = 0$，$H_1: \beta_j \neq 0$，$j = 1$，2，3，4，取 $\alpha = 0.05$.

（5）判断自变量 x_1，x_2，x_3，x_4 之间是否具有多重共线性.

（6）评价模型的拟合优度（从判定系数和估计的标准误差方面来分析）.

（7）检验残差（从正态性、零均值、同方差方面来分析）.

（8）当 $x_1 = 7$，$x_2 = 27$，$x_3 = 5$，$x_4 = 55$ 时，预测均值 $E(Y_0)$ 及其 95% 的置信区间.

【实验原理】

1. 回归模型的基本假定

多元线性回归模型的表达式为 $Y = \beta_0 + \beta_1 x_1 + \cdots + \beta_p x_p + \varepsilon,$，其中 $\varepsilon \sim N(0, \sigma^2)$. 此模型表示因变量 Y 的取值由两部分构成。一部分是 $\beta_0 + \beta_1 x_1 + \cdots + \beta_p x_p$，反映了自变量组 x_1，x_2，$\cdots$，x_p 的变动引起的线性变化；另一部分是剩余变动 ε，反映了不能由自变量组 x_1，x_2，$\cdots$，x_p 与因变量 Y

之间的线性关系解释的其他剩余的变异.

在理论上, 回归分析总是假定公式 $Y = \beta_0 + \beta_1 x_1 + \cdots + \beta_p x_p + \varepsilon$ 具有统计显著性, 即 $\beta_0 + \beta_1 x_1 + \cdots + \beta_p x_p$ 有效地解释了因变量 Y 的变动, 剩余变动 ε 为不可观测的随机误差. 这时需要做如下假定:

(1) ~ (4) 的基本假定见本章实验一的"实验原理"中回归模型的基本假定 (1) ~ (4), 这里省略.

假定 (5) 是无多重共线性假定: 所谓的无多重共线性, 即指自变量 x_1, x_2, $\cdots$, x_p 之间没有线性关系 (或线性关系较弱), 即线性无关. 无多重共线性的假定得不到满足, 即 x_1, x_2, $\cdots$, x_p 之间有较强的线性关系, 可能会造成模型的参数估计不够稳定, 回归分析的结果混乱, 参数估计的正负号与预期相反, 甚至参数估计量不可得等严重后果.

若有 n 对样本观测点 $\{(x_{1i}, x_{2i}, \cdots, x_{pi}, y_i): i = 1, 2, \cdots, n\}$ 的情况下, 有 $y_i = \beta_0 + \beta_1 x_{1i} + \beta_2 x_{2i} + \cdots + \beta_p x_{pi} + \varepsilon_i$, $i = 1, 2, \cdots, n$, 令

$$
X = \begin{bmatrix} 1 & x_{11} & x_{21} & \cdots & x_{k1} \\ 1 & x_{12} & x_{22} & \cdots & x_{k2} \\ \vdots & \vdots & \vdots & \vdots & \vdots \\ 1 & x_{1n} & x_{2n} & \cdots & x_{kn} \end{bmatrix}, \quad Y = \begin{bmatrix} y_1 \\ y_2 \\ \vdots \\ y_n \end{bmatrix}, \quad \beta = \begin{bmatrix} \beta_0 \\ \beta_1 \\ \vdots \\ \beta_p \end{bmatrix}, \quad \varepsilon = \begin{bmatrix} \varepsilon_1 \\ \varepsilon_2 \\ \vdots \\ \varepsilon_n \end{bmatrix}
$$

则上述 n 个随机方程用矩阵的形式可以记为 $Y = X\beta + \varepsilon$. 在上述基本条件满足的条件下, 多元回归模型的最小二乘估计量为 $\hat{\beta} = (X'X)^{-1}X'Y$.

由于多元回归模型具有以上的假定, 因此, 建立回归方程后, 需要对回归方程进行检验和评价.

2. 显著性检验

(1) 回归方程的显著性检验.

检验假设: $H_0: \beta_1 = \beta_2 = \cdots = \beta_p = 0$, $H_1: \beta_1, \beta_2, \cdots, \beta_p$ 至少有一个不等于 0.

检验统计量为 $F = \dfrac{SSR/p}{SSE/(n-p-1)} = \dfrac{MSR}{MSE} \sim F(p, n-p-1)$.

(2) 回归系数的显著性检验.

检验假设: $H_0: \beta_j = 0$, $H_1: \beta_j \neq 0$, $j = 1, 2, \cdots, p$.

检验统计量为 $t = \dfrac{\hat{\beta}_i - \beta_i}{\hat{\sigma}_{\hat{\beta}_i}} \sim t(n-p-1)$, 其中 $\hat{\sigma}_{\hat{\beta}_i}$ 为 $\hat{\beta}_i$ 的估计的标准误差.

在一元回归中, 回归方程的显著性检验与回归系数的显著性检验是一回事, 但在多元回归中, 两者不等价.

3. 拟合优度评价

（1）判定系数（coefficient of determination）：

$$R^2 = \frac{SSR}{SST} = \frac{\sum_{i=1}^{n}(\hat{y}_i - \overline{y})^2}{\sum_{i=1}^{n}(y_i - \overline{y})^2} = 1 - \frac{\sum_{i=1}^{n}(y_i - \hat{y}_i)^2}{\sum_{i=1}^{n}(\hat{y}_i - \overline{y})^2}$$

$$R_{adj}^2 = 1 - \frac{SSR/(n-p-1)}{SST/(n-1)} = 1 - \frac{n-1}{n-p-1}R^2$$

以上两式中，R_{adj}^2 的解释与 R^2 类似，不同的是，R_{adj}^2 同时考虑了样本量（n）和模型中自变量的个数（p）的影响，这使得 R_{adj}^2 的值永远小于 R^2，而且 R_{adj}^2 的值不会由于模型中自变量个数的增加而越来越接近 1. 因此，在多元线性回归分析中，通常用调整判定系数 R_{adj}^2 来评价拟合优度.

（2）估计的标准误差（standard error of estimate）：

$$\hat{\sigma} = \sqrt{\frac{\sum_{i=1}^{n}(y_i - \hat{y}_i)^2}{n-p-1}} = \sqrt{\frac{SSE}{n-p-1}} = \sqrt{MSE}$$

其中，p 为自变量的个数.

多元回归中对 $\hat{\sigma}$ 的解释与一元回归类似. 由于 $\hat{\sigma}$ 所估计的是预测误差的标准差，其含义是根据自变量 x_1，x_2，$\cdots$，x_p 来预测因变量 y 时的平均预测误差.

4. 多重共线性检验

（1）直观判断法.

第一，当增加或剔除一个自变量，或者改变一个观测值时，回归系数的估计值发生较大变化，就认为回归方程存在严重的多重共线性.

第二，从定性分析角度来看，当一些重要的自变量在回归方程中没有通过显著性检验时，可初步判断存在严重的多重共线性.

第三，当有些自变量的回归系数所带正负号与定性分析结果违背时，认为存在多重共线性.

第四，自变量的相关矩阵中，当自变量的相关系数较大时，认为可能存在多重共线性.

第五，当一些重要的自变量的回归系数的标准误差较大时，认为可能存在多重共线性.

（2）方差膨胀因子法.

设 R_j^2 为自变量 x_j 对其余 $p-1$ 个自变量的判定系数，方差膨胀因子

（variance inflation factor，VIF）定义为 $VIF_j = \dfrac{1}{1 - R_j^2}$，$R_j^2$ 度量了自变量 x_j 与其余 $p-1$ 个自变量的线性相关程度，这种相关程度越强，说明自变量之间的多重共线性越严重，R_j^2 就越接近 1，VIF_j 就越大．反之，自变量 x_j 与其余 $p-1$ 个自变量的线性相关程度越弱，自变量之间的多重共线性就越弱，R_j^2 就越接近 0，VIF_j 就越接近 1．由此可见，VIF_j 的大小反映了自变量之间是否存在多重共线性，因此，可由它来度量多重共线性的严重程度，经验表明，$VIF_j \geqslant 5$ 时，说明自变量 x_j 与其余 $p-1$ 个自变量之间有多重共线性，当 $VIF_j \geqslant 10$ 时，说明自变量 x_j 与其余 $p-1$ 个自变量之间有严重的多重共线性，且这种多重共线性会过度地影响最小二乘估计值．也可以用自变量 x_j 的容忍度（tolerance）$Tol_j = 1 - R_j^2$ 来表示，当 $Tol_j \leqslant 0.1$ 时，就说明自变量 x_j 与其余 $p-1$ 个自变量之间有严重的多重共线性．

5. 残差检验

残差的零均值、方差齐性、正态性、序列不相关性（时间序列的数据需要检验，横截面数据一般不需要检验）的检验过程与一元回归类似，参见本章实验一相关内容．

6. 预测

如果回归方程检验和评价都通过了，接下去的任务就是预测，对于样本观测值以外的自变量的一组新值 $(x_{10}, x_{20}, \cdots, x_{p0})$，无论是均值预测（mean prediction）或者是个值预测（individual prediction），其预测值都是一样的，都是根据预测方程 $\hat{y}_0 = \hat{\beta}_0 + \hat{\beta}_1 x_{10} + \hat{\beta}_2 x_{20} + \cdots + \hat{\beta}_p x_{p0}$ 得到的，写成矩阵形式为 $\hat{y}_0 = X_0 \hat{\beta}$，其中 $X_0 = (x_{10}, x_{20}, \cdots, x_{p0})$，只不过其预测区间不一样，习惯上均值的预测区间叫作置信区间，个值的预测区间仍叫作预测区间，其具体公式如下：

（1）均值 $E(Y_0)$ 的置信水平为 $1-\alpha$ 的置信区间：

$$\hat{y}_0 \pm t_{\alpha/2}(n-p-1)\hat{\sigma}\sqrt{X_0(X'X)^{-1}X'_0}$$

（2）个别值 Y_0 的置信水平为 $1-\alpha$ 的预测区间：

$$\hat{y}_0 \pm t_{\alpha/2}(n-p-1)\hat{\sigma}\sqrt{1 + X_0(X'X)^{-1}X'_0}$$

以上两式中，$t_{\alpha/2}(n-p-1)$ 为 t 分布的上 α 分位数，$\hat{\sigma}$ 为回归模型的估计的标准误差．

【实验过程】

1. Excel 实现

单击 Excel 工具栏中的【数据】，选择【数据分析】，如图 9-3-1 所示，选择【回归】，单击【确定】.

设置的参数如图 9－3－2 所示，单击【确定】，得到数据分析结果，如图 9－3－3 所示.

图 9－3－1　数据分析工具

	A	B	C	D	E	F
1	序号	x1	x2	x3	x4	y
2	1	7	26	6	60	78.5
3	2	1	29	15	52	74.3
4	3	11	56	8	20	104.3
5	4	11	31	8	47	87.6
6	5	7	52	6	33	95.9
7	6	11	55	9	22	109.2
8	7	3	71	17	6	102.7
9	8	1	31	22	44	72.5
10	9	2	54	18	22	93.1
11	10	21	47	4	26	115.9
12	11	1	40	23	34	83.8
13	12	11	66	9	12	113.3
14	13	10	68	8	12	109.4

图 9－3－2　多元回归分析操作过程

SUMMARY OUTPUT

回归统计	
Multiple R	0.991148637
R Square	0.98237562
Adjusted R	0.973563431
标准误差	2.446007956
观测值	13

方差分析

	df	SS	MS	F	Significance F
回归分析	4	2667.899	666.9748594	111.4791718	4.75618E-07
残差	8	47.86364	5.982954919		
总计	12	2715.763			

系数估计表

	Coefficients	标准误差	t Stat	P-value	Lower 95%	Upper 95%
Intercept	62.4053693	70.07096	0.890602469	0.399133563	-99.17855239	223.989291
x1	1.551102648	0.74477	2.082660317	0.070821687	-0.166339746	3.268545041
x2	0.51016758	0.723788	0.704857746	0.500901103	-1.158890546	2.179225705
x3	0.101909404	0.754709	0.13503138	0.895922691	-1.638452775	1.842271582
x4	-0.14406103	0.709052	-0.20317412	0.844071473	-1.779138019	1.491015961

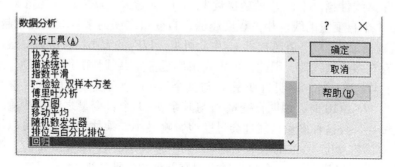

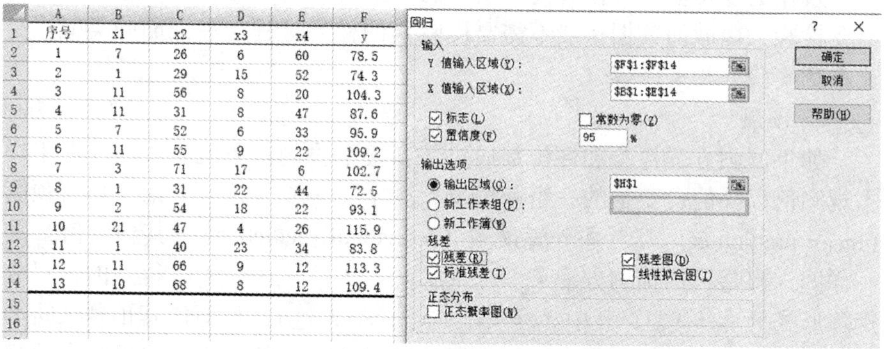

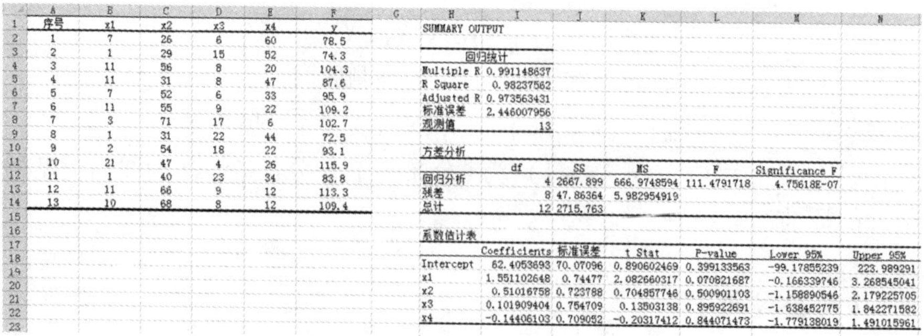

图 9－3－3　多元回归分析结果

由图 9 - 3 - 3 可得:

(1) 线性回归方程 $\hat{y} = 62.4054 + 1.5511x_1 + 0.5102x_2 + 0.1019x_3 - 0.1441x_4$, 其中, 偏回归系数 1.5511 表示当其他自变量不变时, 第一种化学成分 x_1 每增加一个单位, 水泥在凝固时放出的热量平均值增加 1.5511 个单位.

(2) ε 的方差 σ^2 的无偏估计 $\hat{\sigma}^2 = 2.446008^2 = 5.982955$.

(3) 回归方程的显著性检验, 即检验假设 $H_0: \beta_1 = \beta_2 = \beta_3 = \beta_4 = 0$, $H_1: \beta_1$, β_2, β_3, β_4 至少有一个不等于 0.

由方差分析表可知, 表中 F 值 $= 111.4792$, 其对应的 p 值 significance $= 4.7562 \times 10^{-7}$ 小于给定的显著性水平 0.05, 因此, 拒绝 $H_0: \beta_1 = \beta_2 = \beta_3 = \beta_4 = 0$, 即认为回归效果显著.

(4) 回归系数的显著性检验, 即检验假设 $H_0: \beta_j = 0$, $H_1: \beta_j \neq 0$, $j = 1$, 2, 3, 4.

由系数估计表中回归系数所在行的 t 统计量所对应的 p 值可知, 四个自变量对应的 p 值都大于给定的显著性水平 $\alpha = 0.05$, 故不能拒绝 $H_0: \beta_j = 0$, $j = 1$, 2, 3, 4, 即四个变量的回归系数都不显著, 但是由 (3) 的回归方程的显著性检验知, 回归效果是显著的, 这可能是由于自变量之间存在多重共线性造成的.

(5) 多重共线性检验.

由以上的结果分析, 自变量之间可能存在多重共线性, 下面用相关相关系数和方差膨胀因子方法来检验.

其一, 相关系数检验. 单击 Excel 工具栏中的【数据】/【数据分析】/【相关系数】, 得到关于自变量 x_1, x_2, x_3, x_4 的相关系数矩阵如图 9 - 3 - 4 所示.

H	I	J	K	L
	x1	x2	x3	x4
x1	1			
x2	0.22857947	1		
x3	-0.8241338	-0.13924	1	
x4	-0.2454451	-0.97295	0.029537	1

图 9 - 3 - 4 自变量相关系数矩阵

由图 9 - 3 - 4 所示, 自变量 x_2 和 x_4 之间的相关系数为 -0.97295, 自变量 x_1 和 x_3 之间的相关系数为 -0.8241338, 可知, 自变量之间存在多重共线性.

其二，方差膨胀因子法. 分别以 x_1，x_2，x_3，x_4 中的某一变量为因变量，其余三个变量为自变量，作四个多元回归方程，得到四个多元回归方程的判定系数 R^2，然后计算出方差膨胀因子 VIF 和容忍度 Tol，如图 9 - 3 - 5 所示.

	R^2	VIF	Tol
x1	0.97402342	38.49621	0.025977
x2	0.99606954	254.4232	0.00393
x3	0.97866366	46.86839	0.021336
x4	0.99646034	282.5129	0.00354

图 9 - 3 - 5   方差膨胀因子和容忍度

由图 9 - 3 - 5 可得，所有自变量的方差膨胀因子都大于 10，可知，自变量之间存在多重共线性. 一般情况下，如果自变量之间存在多重共线性，先删除 t 统计量绝对值最小而 p 值最大的自变量，由图 9 - 3 - 3 可知，x_3 所对应的 t 统计量的绝对值最小而 p 值最大，因此，先删除 x_3，重新作回归（统计学上，这种方法叫作后退法）. 得到回归分析结果如图 9 - 3 - 6 所示.

	A	B	C	D	E	F	G	H	I	J	K	L	M
1	序号	x1	x2	x4	y		SUMMARY OUTPUT						
2	1	7	26	60	78.5								
3	2	1	29	52	74.3		回归统计						
4	3	11	56	20	104.3		Multiple R	0.991128373					
5	4	11	31	47	87.6		R Square	0.982335451					
6	5	7	52	33	95.9		Adjusted R Square	0.976447268					
7	6	11	55	22	109.2		标准误差	2.308744955					
8	7	3	71	6	102.7		观测值	13					
9	8	1	31	44	72.5								
10	9	2	54	22	93.1		方差分析						
11	10	21	47	26	115.9			df	SS	MS	F	Significance F	
12	11	1	40	34	83.8		回归分析	3	2667.79	889.2634	166.8317	3.32337E-08	
13	12	11	66	12	113.3		残差	9	47.97273	5.330303			
14	13	10	68	12	109.4		总计	12	2715.763				
15													
16								Coefficients	标准误差	t Stat	P-value	Lower 95%	Upper 95%
17							Intercept	71.64830697	14.14239	5.066208	0.000675	39.65599025	103.64062
18							x1	1.451937963	0.116998	12.40998	5.78E-07	1.187271016	1.7166049
19							x2	0.416109762	0.18561	2.241844	0.051687	-0.003770331	0.8359899
20							x4	-0.236540216	0.173288	-1.36501	0.205395	-0.628544442	0.155464

图 9 - 3 - 6   删除变量 x_3 后的多元回归分析结果

由图 9 - 3 - 6 可知，由于方差分析表中的 F 统计量为 166.8317，对应的 p 值为 3.32337×10^{-8} 小于给定的显著性水平 0.05，因此，回归效果显著. 由于系数估计表中的自变量 x_1 对应的 p 值为 5.78×10^{-8} 小于给定的显著性水平 0.05，因此，自变量 x_1 的回归系数显著，自变量 x_2 的回归系数所对应 p 值为 0.051687 略大于给定的显著性水平 0.05，但小于显著性水平 0.1，因此，也可以认为自变量 x_2 的回归系数也是显著的，而 x_4 的回归系数所对应的 P 值为 0.205395，远大于给定的显著性水平 0.05，因此，自变量 x_4 的回归系数不显著．是否继续删除自变量 x_4 再做回归，这要视具体情况分析，需要综合多方面的因素，这里暂时不删除自变量 x_4．

（6）模型的拟合优度评价（从判定系数和估计的标准误差方面来分析）．

在多元线性回归分析中，通常用调整的判定系数 R_{adj}^2 来评价拟合优度．由图 9 - 3 - 6 可知，调整判定系数 $R_{adj}^2 = 0.9764$，表示因变量的变异中，有 97.64% 由自变量 x_1，x_2，x_4 与因变量线性回归来解释．估计的标准误差 $\hat{\sigma} = 2.3087$，表示用该回归方程估计因变量，平均估计误差为 2.3087 个单位．

（7）残差检验（从正态性、零均值、同方差方面来分析）．

将残差进行标准化，就得到标准残差，将因变量预测值和标准残差作散点图，得到图 9 - 3 - 7．

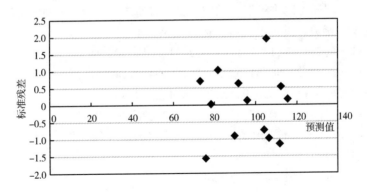

图 9 - 3 - 7　标准残差（Excel 图）

图 9 - 3 - 7 中，横坐标表示预测值，纵坐标表示标准残差，从该图可以看到，标准残差几乎在零均值上下随机分布，因此，可以认为误差服从零均值，同方差的假定，又由于大约有 95% 的标准化残差在 - 2 ~ + 2 之间，因此，可以认为误差项服从正态分布这一假定．

（8）预测．

由于新的方程删掉自变量 x_3，因此，自变量只有三个，按照前面矩阵的表示方法，令 $X_0 = (1, 7, 27, 5, 55)$，则相应的均值预测值及其均值的置信水平为 95% 的置信区间计算过程如图 9 - 3 - 8 所示．

由图 9 - 3 - 8 所示，均值 $E(Y_0)$ 的预测值为 80.03712，均值 $E(Y_0)$ 的置信水平为 95% 的置信区间为（77.24951，82.82474）．

	A	B	C	D	E	F	G	H	I	J	K	L	M	N
1	常数项	x1	x2	x4	y		SUMMARY OUTPUT		均值的预测区间		$\hat{y}_0 \pm t_{\alpha/2}(n-p-1)\hat{\sigma}\sqrt{X_0(X'X)^{-1}X_0'}$			
2	1	7	26	60	78.5									
3	1	1	29	52	74.3		回归统计		项目					
4	1	11	56	20	104.3		Multiple R	0.991128373	新值 X_0		1	7	27	55
5	1	11	31	47	87.6		R Square	0.982335451	均值预测值	80.03712	=MMULT(K4:N4,H17:H20)			
6	1	7	52	33	95.9		Adjusted R Square	0.976447268	分位数	2.262157	=T.INV.2T(0.05,H13)			
7	1	11	55	22	109.2		标准误差	2.308744955	标准误差	2.308745	=H7			
8	1	3	71	6	102.7		观测值	13	$X_0(X'X)^{-1}X_0'$	0.284684				
9	1	1	31	44	72.5				置信下限	77.24951	=K5-K6*K7*SQRT(K8)			
10	1	2	54	22	93.1		方差分析		置信上限	82.82474	=K5+K6*K7*SQRT(K8)			
11	1	21	47	26	115.9			df	SS	MS	F	gnificance F		
12	1	1	40	34	83.8		回归分析	3	2668	889.263449	166.8317	3.32E-08		
13	1	11	66	12	113.3		残差	9	47.97	5.33030327				
14	1	10	68	12	109.4		总计	12	2716					
15														
16								Coefficients	标准误差	t Stat	P-value	Lower 95%	per 95%	
17							Intercept	71.64830697	14.14	5.066208	0.000675	39.65599	104	
18							x1	1.451937963	0.117	12.4099813	5.78E-07	1.187271	1.72	
19							x2	0.416109762	0.186	2.24184403	0.051687	-0.00377	0.84	
20							x4	-0.236540216	0.173	-1.3650137	0.205395	-0.62854	0.16	
21							=MMULT(MMULT(K4:N4,MINVERSE(MMULT(TRANSPOSE(A2:D14),A2:D14))),TRANSPOSE(K4:N4))							

图 9 - 3 - 8　均值的置信区间的计算过程

2. R 语言实现

R 语言同样可以进行多元回归分析，计算方差膨胀因子时，需调用 car 包中的 VIF 函数，具体的代码及运行结果如下：

```
> x1 = c(7,1,11,11,7,11,3,1,2,21,1,11,10)
> x2 = c(26,29,56,31,52,55,71,31,54,47,40,66,68)
> x3 = c(6,15,8,8,6,9,17,22,18,4,23,9,8)
> x4 = c(60,52,20,47,33,22,6,44,22,26,34,12,12)
> y = c(78.5,74.3,104.3,87.6,95.9,109.2,102.7,72.5,93.1,115.9,
83.8,113.3,109.4)
> fm = lm(y ~ x1 + x2 + x3 + x4)
> summary(fm)
```

Call：

lm(formula = y ~ x1 + x2 + x3 + x4)

Residuals：

Min	1Q	Median	3Q	Max
-3.1750	-1.6709	0.2508	1.3783	3.9254

Coefficients：

	Estimate	Std. Error	t value	Pr(> |t|)
(Intercept)	62.4054	70.0710	0.891	0.3991
x1	1.5511	0.7448	2.083	0.0708.
x2	0.5102	0.7238	0.705	0.5009
x3	0.1019	0.7547	0.135	0.8959
x4	−0.1441	0.7091	−0.203	0.8441

– – –

Signif. codes: 0 ' *** ' 0.001 ' ** ' 0.01 ' * ' 0.05 '.' 0.1 ' ' 1

Residual standard error: 2.446 on 8 degrees of freedom
Multiple R − squared: 0.9824, Adjusted R − squared: 0.9736
F − statistic: 111.5 on 4 and 8 DF, p-value: 4.756e − 07

```
> library(car)
> vif(fm)
   x1         x2          x3          x4
38.49621   254.42317   46.86839   282.51286
> fm1 = step(fm)
Start: AIC = 26.94
y ~ x1 + x2 + x3 + x4
```

	Df	Sum of Sq	RSS	AIC
− x3	1	0.1091	47.973	24.974
− x4	1	0.2470	48.111	25.011
− x2	1	2.9725	50.836	25.728
< none >			47.864	26.944
− x1	1	25.9509	73.815	30.576

```
Step:   AIC = 24.97
y ~ x1 + x2 + x4
```

	Df	Sum of Sq	RSS	AIC
< none >			47.97	24.974
− x4	1	9.93	57.90	25.420
− x2	1	26.79	74.76	28.742
− x1	1	820.91	868.88	60.629

> summary(fm1)

Call：

lm(formula = y ~ x1 + x2 + x4)

Residuals：

Min	1Q	Median	3Q	Max
-3.0919	-1.8016	0.2562	1.2818	3.8982

Coefficients：

	Estimate	Std. Error	t value	Pr(> |t|)
(Intercept)	71.6483	14.1424	5.066	0.000675 ***
x1	1.4519	0.1170	12.410	5.78e - 07 ***
x2	0.4161	0.1856	2.242	0.051687.
x4	-0.2365	0.1733	-1.365	0.205395

— — —

Signif. codes： 0 ' *** ' 0.001 ' ** ' 0.01 ' * ' 0.05 '. ' 0.1 ' ' 1

Residual standard error：2.309 on 9 degrees of freedom

Multiple R-squared：0.9823, Adjusted R-squared：0.9764

F-statistic：166.8 on 3 and 9 DF, p-value：3.323e - 08

> x = data. frame(x1, x2, x3)
> y = predict(fm1, x, interval = " prediction")
> plot(y[,1], rstandard(fm1), xlab = " 预测值", ylab = " 标准残差", pch
= 23, bg = " blue")

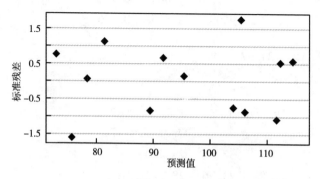

图 9 - 3 - 9 标准残差 （**R** 语言图）

```
> new = data. frame( x1 = 7, x2 = 27, x4 = 55)
> new = data. frame( x1 = 7, x2 = 27, x4 = 55)
> predict( fm1, new, interval = "confidence")
        fit         lwr         upr
1    80. 03712    77. 24951    82. 82474
```

【巩固练习】

一家大型商业银行在多个地区设有分行，为弄清楚不良贷款形成的原因，抽取了该银行所属的 25 家分行某年的有关业务数据，数据如表 9 - 3 - 2 所示，因变量为不良贷款，自变量分别为各项贷款余额、本年累计应收贷款、贷款项目个数和本年固定资产投资额，试建立多元线性回归模型.

表 9 - 3 - 2　　　　　　　　不良贷款的影响因素的样本数据

分行编号	不良贷款（亿元）	各项贷款余额（亿元）	本年累计应收贷款（亿元）	贷款项目个数（个）	本年固定资产投资额（亿元）
1	0.9	67.3	6.8	5	51.9
2	1.1	111.3	19.8	16	90.9
3	4.8	173	7.7	17	73.7
4	3.2	80.8	7.2	10	14.5
5	7.8	199.7	16.5	19	63.2
6	2.7	16.2	2.2	1	2.2
7	1.6	107.4	10.7	17	20.2
8	12.5	185.4	27.1	18	43.8
9	1	96.1	1.7	10	55.9
10	2.6	72.8	9.1	14	64.3
11	0.3	64.2	2.1	11	42.7
12	4	132.2	11.2	23	76.7
13	0.8	58.6	6	14	22.8
14	3.5	174.6	12.7	26	117.1
15	10.2	263.5	15.6	34	146.7
16	3	79.3	8.9	15	29.9
17	0.2	14.8	0.6	2	42.1

分行编号	不良贷款（亿元）	各项贷款余额（亿元）	本年累计应收贷款（亿元）	贷款项目个数（个）	本年固定资产投资额（亿元）
18	0.4	73.5	5.9	11	25.3
19	1	24.7	5	4	13.4
20	6.8	139.4	7.2	28	64.3
21	11.6	368.2	16.8	32	163.9
22	1.6	95.7	3.8	10	44.5
23	1.2	109.6	10.3	14	67.9
24	7.2	196.2	15.8	16	39.7
25	3.2	102.2	12	10	97.1

要求：

（1）求线性回归方程 $\hat{y} = \hat{\beta}_0 + \hat{\beta}_0 x_1 + \hat{\beta}_2 x_2 + \hat{\beta}_3 x_3 + \hat{\beta}_4 x_4$.

（2）求 ε 的方差 σ^2 的无偏估计.

（3）检验回归方程的显著性，即检验假设 $H_0: \beta_1 = \beta_2 = \beta_3 = \beta_4 = 0$，$H_1: \beta_1, \beta_2, \beta_3, \beta_4$ 不等于 0，取 $\alpha = 0.05$.

（4）检验回归系数的显著性，即检验假设 $H_0: \beta_j = 0$，$H_1: \beta_j \neq 0$，$j = 1, 2, 3, 4$，取 $\alpha = 0.05$.

（5）判断自变量 x_1, x_2, x_3, x_4 之间是否具有多重共线性.

（6）评价模型的拟合优度（从判定系数和估计的标准误差方面来分析）.

（7）检验残差（从正态性、零均值、同方差方面来分析）.

（8）当 $x_1 = 100$，$x_2 = 15.5$，$x_3 = 18$，$x_4 = 63$ 时，求均值 $E(Y_0)$ 的预测值及其置信水平为 95% 的置信区间.

附录：常用统计函数的 Excel 命令和 R 命令

项目名称	计算公式及说明	Excel 函数命令	R 函数命令
阶乘	$n!$	FACT(n)	factorial(n)
排列	A_n^k	PERMUT(n,k)	choose(n,k) * factorial(k)
组合	C_n^k	COMBIN(n,k)	choose(n,k)
指数函数	e^x	EXP(x)	exp(x)
对数函数	$\ln x$ $\log_{10} x$	LN(x) LOG(x,10)	log(x) log10(x)
和	$\sum\limits_{i=1}^{n} x_i$	SUM(data)	sum(x)
均值	$\dfrac{1}{n}\sum\limits_{i=1}^{n} x_i$	AVERAGE(data)	mean(x)
最大值	$\max(x_1,x_2,\cdots,x_n)$	MAX(data)	max(x)
最小值	$\min(x_1,x_2,\cdots,x_n)$	MIN(data)	min(x)
计数	求满足区域内指定条件的计数函数	=COUNTIF(range,criteria)	table(data)

续表

项目名称	计算公式及说明	Excel 函数命令	R 函数命令
逻辑函数	若满足条件则返回一个值,若不满足条件则则返回另外一个值	IF[logical_test,[value_if_true],[value_if_false]]	if
样本方差	$S_n^2 = \dfrac{1}{n}\sum_{i=1}^{n}(x_i - \bar{x})^2$	=VARP(DATA)	/
样本标准差	$S_n = \sqrt{S_n^2}$	=VARP(DATA)	/
修正样本方差	$S^2 = \dfrac{1}{n-1}\sum_{i=1}^{n}(x_i - \bar{x})^2$	=VAR(DATA)	var(data)
修正样本标准差	$S = \sqrt{S^2}$	=STDEV(DATA)	sd(data)
分位数	$k/4$ 分位数,$k=0,1,2,3,4$	=QUARTILE(DATA,k)	quantile(data,k/4)
$X \sim B(n,p)$	$P(X=k) = C_n^k p^k (1-p)^{n-k}$	=BINOMDIST(k,n,p,0)	dbinom(k,n,p)
$X \sim B(n,p)$	$P(X \le k) = \displaystyle\sum_{i=0}^{k} C_n^i p^i (1-p)^{n-i}$	=BINOMDIST(k,n,p,1)	pbinom(k,n,p)
$X \sim B(n,p)$	产生二项分布随机数	=CRITBINOM(n,p,RAND())	rbinom(n,size,prob)
$X \sim B(1,p)$	产生伯努利随机数	=CRITBINOM(1,p,RAND())	rbinom(n,1,prob)
$X \sim B(1,0.5)$	等可能产生 0,1 之中任一个数	=RANDBTWEEN(0,1)	runif(1)
动态随机整数	等可能产生介于两个数 m 和 n 之间任一个整数	=RANDBTWWEEN(m,n)	runif(1,m,n)
$X \sim P(\lambda)$	$P(X=k) = \dfrac{\lambda^k}{k!}e^{-\lambda}$	POSSION(k,λ,0)	dpois(k,λ)
$X \sim P(\lambda)$	$P(X \le k) = \displaystyle\sum_{i=0}^{k} \dfrac{\lambda^i}{i!}e^{-\lambda}$	POSSION(k,λ,1)	ppois(k,λ)

续表

项目名称	计算公式及说明	Excel 函数命令	R 函数命令
$X \sim U(0,1)$	等可能产生区间 $(0,1)$ 之内任一个随机数	=RAND( )	runif(1)
$X \sim U(a,b)$	等可能产生区间 (a,b) 之内任一个随机数	=a+RAND( )*(b-a)	runif(1,a,b)
$X \sim \text{Exp}(\lambda)$	$f(x)=\begin{cases}\lambda e^{-\lambda x}, & x>0\\ 0, & x\le 0\end{cases}$	=EXPONDIST(x,λ,0)	dexp(x,λ)
$X \sim \text{Exp}(\lambda)$	$F(x)=P(X\le x)$	=EXPONDIST(x,λ,1)	pexp(x,λ)
$X \sim N(\mu,\sigma^2)$	$f(x)=\dfrac{1}{\sigma\sqrt{2\pi}}e^{-\frac{(x-\mu)^2}{2\sigma^2}}$	=NORMDIST(x,σ,0)	dnorm(x,μ,σ)
$X \sim N(\mu,\sigma^2)$	$F(x)=P(X\le x)$	=NORMDIST(x,μ,σ,1)	pnorm(x,μ,σ)
$X \sim N(0,1)$	$\varphi(x)=\dfrac{1}{\sqrt{2\pi}}e^{-\frac{x^2}{2}},\ -\infty<x<+\infty$	=NORMSDIST(x,0)	dnorm(x,0,1)
$X \sim N(0,1)$	$\Phi(x)=P(X\le x)$	=NORMSDIST(x,1)	pnorm(x,0,1)
$X \sim N(\mu,\sigma^2)$	产生正态分布随机数	=NORMINV(RAND( ),μ,σ)	rnorm(1,μ,σ)
$X \sim N(0,1)$	产生标准正态分布随机数	=NORMSINV(RAND( ))	rnorm(1)
$X \sim N(0,1)$	求标准正态分布的下 α 分位数	=NORMSINV(α)	qnorm(α)
$X \sim t(n)$	产生 t 分布的概率密度函数值	=T.DIST(x,n,0)	dt(x,n)
$X \sim t(n)$	产生 t 分布的概率分布函数值	=T.DIST(x,n,1)	pt(x,n)
$X \sim t(n)$	产生 t 分布的随机数	=T.DIST.RT(rand( ),n)	rt(x,n)
$X \sim t(n)$	求 t 分布的上 α 分位数	=T.INV(α,n)	qt(α,n)
$X \sim \chi^2(n)$	产生卡方分布的概率密度函数值	=CHISQ.DIST(x,n,0)	dchisq(x,n)

续表

项目名称	计算公式及说明	Excel 函数命令	R 函数命令
$X \sim \chi^2(n)$	产生卡方分布的概率分布函数值	$= \text{CHISQ. DIST}(x, n, 1)$	$\text{pchisq}(x, n)$
$X \sim \chi^2(n)$	产生卡方分布的随机数	$= \text{CHISQ. INV. RT}(\text{rand}(\ ), n)$	$\text{rchisq}(x, n)$
$X \sim \chi^2(n)$	求卡方分布的上 α 分位数	$= \text{CHISQ. INV. RT}(\alpha, n)$	$\text{qchisq}(\alpha, n)$
$X \sim F(m, n)$	产生 F 分布的概率密度函数值	$= \text{F. DIST}(x, m, n, 0)$	$\text{df}(x, m, n)$
$X \sim F(m, n)$	产生 F 分布的概率分布函数值	$= \text{F. DIST}(x, m, n, 1)$	$\text{pf}(x, m, n)$
$X \sim F(m, n)$	产生 F 分布的随机数	$= \text{F. INV. RT}(\text{rand}(\ ), m, n)$	$\text{rf}(x, m, n)$
$X \sim F(m, n)$	求 F 分布的上 α 分位数	$= \text{F. INV. RT}(\alpha, m, n)$	$\text{qf}(x, m, n)$

参 考 文 献

［1］ExcelHome. Excel 应用大全 ［M］. 北京：人民邮电出版社，2008.

［2］龚光鲁，钱敏平. 应用随机过程教程 ［M］. 北京：清华大学出版社，2004.

［3］郭科. 数学实验. 概率论与数理统计分册 ［M］. 北京：高等教育出版社，2009.

［4］郭民之. 概率统计实验 ［M］. 北京：北京大学出版社，2012.

［5］何晓群，刘文卿. 应用回归分析：Applied regression analysis ［M］. 北京：中国人民大学出版社，2015.

［6］胡良剑. 数学实验：使用 MATLAB ［M］. 上海：上海科学技术出版社，2001.

［7］黄文，王正林. 数据挖掘：R 语言实战 ［M］. 北京：电子工业出版社，2014.

［8］贾俊平. 统计学 ［M］. 北京：中国人民大学出版社，2012.

［9］姜启源，谢金星，叶俊. 数学模型 ［M］. 北京：高等教育出版社，2003.

［10］姜启源. 大学数学实验 ［M］. 北京：清华大学出版社，2010.

［11］李倩星. R 语言实战：编程基础、统计分析与数据挖掘宝典 ［M］. 北京：电子工业出版社，2016.

［12］李涛. Matlab 工具箱应用指南 ［M］. 北京：电子工业出版社，2000.

［13］梁烨，柏芳，李嫣怡. Excel 统计分析与应用 ［M］. 北京：机械工业出版社，2011.

［14］刘二根，王广超，朱旭生，等. MATLAB 与数学实验 ［M］. 北京：国防工业出版社，2014.

［15］茆诗松，程依明，濮晓龙. 概率论与数理统计教程 ［M］. 北京：高等教育出版社，2011.

［16］盛骤. 概率论与数理统计：第三版 ［M］. 北京：高等教育出版

社，2001.

[17] 石博强等．MATLAB 数学计算范例教程 [M]．北京：中国铁道出版社，2004.

[18] 宋世德，郭满才．数学实验 [M]．北京：中国农业出版社，2007.

[19] 苏金明，张莲花，刘波．MATLAB 工具箱应用 [M]．北京：电子工业出版社，2004.

[20] 孙荣恒．趣味随机问题 [M]．北京：科学出版社，2015.

[21] 孙祥，徐流美，吴清．MATLAB 7.0 基础教程 [M]．北京：清华大学出版社，2005.

[22] 汤银才．R 语言与统计分析 [M]．北京：高等教育出版社，2008.

[23] 万福永．数学实验教程 [M]．北京：科学出版社，2006.

[24] 汪朋．统计学：基于 Excel 和 R 语言 [M]．北京：电子工业出版社，2015.

[25] 王斌会．Excel 应用与数据统计分析 [M]．北京：暨南大学出版社，2011.

[26] 王晓民．Excel 金融计算专业教程 [M]．北京：清华大学出版社，2004.

[27] 王颖喆．概率与数理统计 [M]．北京：北京师范大学出版社，2016.

[28] 王梓坤．概率论基础及其应用 [M]．北京：北京师范大学出版社，2007.

[29] 魏贵民．概率论与数理统计 [M]．北京：高等教育出版社，2015.

[30] 吴礼斌．数学实验与建模 [M]．北京：国防工业出版社，2007.

[31] 肖云茹．概率统计计算方法 [M]．天津：南开大学出版社，1994.

[32] 薛长虹，于凯．大学数学实验：MATLAB 应用篇 [M]．成都：西南交通大学出版社，2003.

[33] 宇传华．Excel 与数据分析 [M]．北京：电子工业出版社，2013.

[34] 詹姆斯·R. 埃文斯，戴维·L. 奥尔森．模拟与风险分析 [M]．上海：上海人民出版社，2001.

[35] 张光远．近现代数学发展概论 [M]．重庆：重庆出版社，1991.

［36］张军翔. Excel 2010 函数·公式查询与应用宝典 ［M］. 北京：机械工业出版社，2011. 6.

［37］张涛. 用 Excel 进行质量成本预测——基于移动平均法 ［J］. 中外企业家，2011（12）：39 – 40.

［38］张志刚，刘丽梅，朱婧，等. MATLAB 与数学实验 ［M］. 北京：中国铁道出版社，2004.

［39］郑一，王玉敏，戚云松. 概率论与数理统计教学实验教材 ［M］. 北京：中国科学技术出版社，2007.